职业教育"十三五"规划教材

化工设备维护

○ 杨育红　主编　○ 罗俊明　主审

第二版

HUAGONG SHEBEI
YU WEIHU

化学工业出版社
·北京·

本书针对职业教育的特点，简化了设备设计内容，以设备的结构分析、安装与维修为重点进行了阐述，主要内容包括压力容器结构与压力容器附件结构、功能与选用；高压容器结构、换热器结构、塔类设备结构、反应釜结构与类型；容器设备安装维护与检修；化工设备的防腐；化工设备安全使用等。

　　本书适用于职业院校化工机械专业使用，也可作为化工企业工人培训使用。

图书在版编目（CIP）数据

化工设备与维护/杨育红主编. —2版. —北京：化
学工业出版社，2018.3（2023.8重印）
职业教育"十三五"规划教材
ISBN 978-7-122-31411-6

Ⅰ.①化…　Ⅱ.①杨…　Ⅲ.①化工设备-维修-职业
教育-教材　Ⅳ.①TQ050.7

中国版本图书馆 CIP 数据核字（2018）第 012639 号

责任编辑：高　钰

责任校对：边　涛　　　　　　　　　　　装帧设计：刘丽华

出版发行：化学工业出版社（北京市东城区青年湖南街 13 号　邮政编码 100011）

印　　装：北京印刷集团有限责任公司

787mm×1092mm　1/16　印张 9¾　字数 233 千字　　2023 年 8 月北京第 2 版第 2 次印刷

购书咨询：010-64518888　　　　　　　售后服务：010-64518899

网　　址：http://www.cip.com.cn

凡购买本书，如有缺损质量问题，本社销售中心负责调换。

定　　价：28.00 元　　　　　　　　　　　　　　　版权所有　违者必究

前　言

本书第一版 2008 年出版，受到广大职业院校教师和学生的好评。近几年来，化工过程设备的研究、开发和标准化工作有了较大的发展，并考虑到本书第一版使用范围较广，修订过程中遵循了保持编排结构相对稳定、重点更新标准的原则。

本书共八章，主要讲述了薄壁容器、容器附件、高压容器、换热器、塔设备、釜式反应器的结构与维护等基本知识，并对化工设备的腐蚀与防护、压力容器的安全使用与监察管理进行了介绍。

为了体现职业教育的教育特点，本书内容力求通俗易懂、突出实际技能训练，简化设备设计内容，以设备的结构分析、安装与维修为重点，强化与实践操作内容的联系，体现教学理论为实践服务、突出动手能力的教学特色。

本书在处理计量和单位时执行国家标准(GB 3100～3102—93)，统一使用我国法定计量单位，设备标准采用最新国家与行业标准。

本书的内容已制作成用于多媒体教学的 PPT 课件，并将免费提供给采用本书作为教材的院校使用。如有需要，请发电子邮件至 cipedu@163.com 获取，或登录 www.cipedu.com.cn 免费下载。

本书由杨育红主编，罗俊明主审。绪论、第五～八章由杨育红编写；第一章和第二章由张继宏编写；第三章和第四章由刘飞编写。马俊、张勇等参加审议。

本书在编写过程中得到中国化工教育协会、全国化工高级技工教育教学指导委员会及相关学校领导和同行们的大力支持和帮助，在此一并表示感谢。

由于编者水平有限，不完善之处敬请读者和同行们批评指正。

编者
2018 年 3 月

目　录

绪论 …………………………………………………………………………………… 1

　第一节　化工设备概述 ……………………………………………………………… 1

　　一、化工设备在化工生产中的重要地位 ………………………………………… 1

　　二、化工设备工业的发展 ………………………………………………………… 1

　　三、压力容器的分类 ……………………………………………………………… 1

　　四、化工设备的基本要求 ………………………………………………………… 3

　第二节　化工设备常用材料 ………………………………………………………… 3

　　一、对压力容器用钢的基本要求 ………………………………………………… 3

　　二、常用钢材的基本介绍 ………………………………………………………… 3

第一章　薄壁容器基础知识 ………………………………………………………… 5

　第一节　内压薄壁容器 ……………………………………………………………… 5

　　一、内压薄壁圆筒的强度计算 …………………………………………………… 5

　　二、内压球形容器 ………………………………………………………………… 8

　　三、容器厚度的确定 ……………………………………………………………… 8

　　四、焊后热处理 …………………………………………………………………… 9

　第二节　内压封头形式的选用与计算 ……………………………………………… 10

　　一、封头的形式及选用 …………………………………………………………… 10

　　二、封头厚度计算 ………………………………………………………………… 11

　第三节　外压容器简介 ……………………………………………………………… 14

　　一、外压容器的失效 ……………………………………………………………… 14

　　二、外压容器的临界压力 ………………………………………………………… 14

　　三、提高外压容器稳定性的措施 ………………………………………………… 15

　第四节　压力试验与致密性试验 …………………………………………………… 16

　　一、压力试验 ……………………………………………………………………… 16

　　二、致密性试验 …………………………………………………………………… 18

　第五节　压力容器的维护和检修 …………………………………………………… 19

　　一、压力容器的维护与检查 ……………………………………………………… 19

　　二、压力容器的检修 ……………………………………………………………… 21

　思考题 ………………………………………………………………………………… 25

　习题 …………………………………………………………………………………… 26

第二章　容器附件 …………………………………………………………………… 27

　第一节　法兰连接 …………………………………………………………………… 27

　　一、法兰连接的组成 ……………………………………………………………… 27

　　二、法兰的结构形式 ……………………………………………………………… 27

　　三、法兰连接的密封 ……………………………………………………………… 28

　　四、法兰标准 ……………………………………………………………………… 31

第二节　容器其他主要零部件 ……………………………………………… 38

一、接口管、凸缘和视镜 …………………………………………………… 38

二、人孔和手孔 ……………………………………………………………… 39

三、支座 ……………………………………………………………………… 40

第三节　容器的开孔补强 …………………………………………………… 47

一、容器开孔附近的应力集中 ……………………………………………… 47

二、对容器开孔的限制及补强结构 ………………………………………… 47

思考题 ………………………………………………………………………… 49

第三章　高压容器 ………………………………………………………… 50

第一节　概述 ………………………………………………………………… 50

一、高压容器的总体结构和特点 …………………………………………… 50

二、高压容器筒体的主要结构形式 ………………………………………… 51

第二节　高压容器的零部件 ………………………………………………… 53

一、高压容器的筒体端盖 …………………………………………………… 53

二、高压容器的筒体端部 …………………………………………………… 54

三、高压容器的主要连接件 ………………………………………………… 54

四、高压容器的开孔补强 …………………………………………………… 55

第三节　高压容器的密封 …………………………………………………… 55

一、高压容器的强制式密封 ………………………………………………… 55

二、高压容器的自紧式密封 ………………………………………………… 56

第四节　高压容器的维护 …………………………………………………… 58

一、高压容器的维护要点 …………………………………………………… 58

二、高压容器的定期检查要点 ……………………………………………… 58

三、高压容器的检修要点 …………………………………………………… 59

思考题 ………………………………………………………………………… 60

第四章　换热器 …………………………………………………………… 61

第一节　概述 ………………………………………………………………… 61

一、混合式换热器 …………………………………………………………… 61

二、蓄热式换热器 …………………………………………………………… 61

三、间壁式换热器 …………………………………………………………… 62

第二节　传热基础知识 ……………………………………………………… 62

一、传热基本概念 …………………………………………………………… 62

二、传热基本方式 …………………………………………………………… 62

三、强化传热的措施 ………………………………………………………… 63

第三节　列管式换热器 ……………………………………………………… 64

一、列管式换热器类型 ……………………………………………………… 64

二、列管式换热器主要部件及结构 ………………………………………… 67

三、列管式换热器标准 ……………………………………………………… 73

第四节　其他形式换热器 …………………………………………………… 74

一、沉浸式换热器 …………………………………………………………… 74

二、喷淋式换热器 …………………………………………………………… 74

三、套管式换热器 …………………………………………………………… 75

四、夹套式换热器 ……………………………………………………… 75
五、平板式换热器 ……………………………………………………… 75
六、螺旋板式换热器 …………………………………………………… 76
七、热管式换热器 ……………………………………………………… 76
第五节　列管式换热器的维护检修 …………………………………… 77
一、管壁积垢的清除 …………………………………………………… 77
二、管子泄漏的修理 …………………………………………………… 78
三、管子振动的修理 …………………………………………………… 78
思考题 …………………………………………………………………… 79

第五章　塔设备及传质基础知识 ……………………………………… 80
第一节　概述 …………………………………………………………… 80
一、塔设备在化工生产中的作用和地位 ……………………………… 80
二、化工生产对塔设备的基本要求 …………………………………… 80
三、塔设备的分类和总体结构 ………………………………………… 80
第二节　传质基础知识 ………………………………………………… 81
一、传质基本概念 ……………………………………………………… 81
二、吸收 ………………………………………………………………… 82
三、蒸馏 ………………………………………………………………… 82
四、精馏 ………………………………………………………………… 82
五、萃取 ………………………………………………………………… 82
第三节　填料塔 ………………………………………………………… 83
一、填料塔的组成 ……………………………………………………… 83
二、填料塔的工作原理 ………………………………………………… 83
三、填料塔的主要部件及结构 ………………………………………… 84
第四节　板式塔 ………………………………………………………… 94
一、板式塔的组成及工作原理 ………………………………………… 94
二、板式塔的结构及主要部件 ………………………………………… 96
第五节　其他塔设备 …………………………………………………… 105
一、折流板式萃取塔 …………………………………………………… 105
二、填料萃取塔 ………………………………………………………… 105
三、筛板萃取塔 ………………………………………………………… 106
第六节　塔设备的维护检修 …………………………………………… 106
一、塔设备的维护与检查 ……………………………………………… 106
二、塔设备的检修 ……………………………………………………… 108
思考题 …………………………………………………………………… 110

第六章　釜式反应器 …………………………………………………… 111
第一节　概述 …………………………………………………………… 111
一、反应器的基本要求 ………………………………………………… 111
二、反应器的分类 ……………………………………………………… 111
第二节　釜式反应器的搅拌装置 ……………………………………… 113
一、搅拌器的类型及选择 ……………………………………………… 113
二、搅拌附件 …………………………………………………………… 115

三、传动装置及搅拌轴 ·················· 116

第三节 搅拌器的轴封 ·················· 118

一、填料密封 ·················· 119

二、机械密封 ·················· 119

三、填料密封与机械密封的比较 ·················· 119

第四节 搅拌反应器的罐体 ·················· 120

一、罐体 ·················· 120

二、传热装置 ·················· 120

三、工艺接管 ·················· 121

第五节 釜式反应器的维护检修 ·················· 122

一、釜式反应器的维护 ·················· 122

二、釜式反应器的检查 ·················· 123

三、釜式反应器的修理 ·················· 123

思考题 ·················· 126

第七章 化工设备的腐蚀与防护 ·················· 127

第一节 概述 ·················· 127

一、腐蚀的定义 ·················· 127

二、腐蚀与防护的重要性 ·················· 127

三、腐蚀的类型 ·················· 127

第二节 常用材料的耐腐蚀特性 ·················· 128

一、金属材料的耐腐蚀性 ·················· 129

二、非金属材料的耐腐蚀性 ·················· 130

第三节 化工设备的防腐 ·················· 132

一、影响金属腐蚀的因素 ·················· 132

二、常用化工防腐蚀方法 ·················· 133

思考题 ·················· 134

第八章 压力容器的安全使用与监察管理 ·················· 135

第一节 压力容器的安全附件 ·················· 135

一、超压泄放装置 ·················· 135

二、安全阀 ·················· 135

三、爆破片装置 ·················· 138

四、压力表与液位计 ·················· 139

第二节 压力容器的安全使用 ·················· 140

一、压力容器的普查登记 ·················· 140

二、压力容器的定期检验 ·················· 141

第三节 压力容器的监察管理 ·················· 141

一、实施监察管理的依据 ·················· 141

二、压力容器安全状况等级 ·················· 142

三、事故调查处理规定 ·················· 142

四、事故技术分析 ·················· 144

思考题 ·················· 145

参考文献 ·················· 146

绪　论

第一节　化工设备概述

一、化工设备在化工生产中的重要地位

化学工业在国民经济中占有重要地位，它与农业、工业、国防以及人民的衣食住行都有极为密切的关系。

石油、化工产品都是按照一定的工艺过程，利用与之相配套的机械设备生产出来的。例如，生产硫酸就需要与硫酸工艺配套的化工机械，加工原油就需要与原油加工工艺相配套的精馏塔、换热器、加热炉、泵等。因此化工机械是为化工工艺服务的，是实现化工生产的工具和手段。不同的化工工艺过程对化工机械提出了不同的要求，促进了化工机械的发展，而设计合理、质量优良的新型高效化工机械又会促使产品质量和产量的提高和消耗的降低，甚至使原来难以实现的生产工艺成为现实，生产出许多新的产品。

化工机械分为两大类：一类为动设备，如各种类型的泵、压缩机、离心机等，通常称为"机器"；另一类为静设备，如用于精馏、解吸、吸收、萃取等工艺的塔设备，用于合成材料聚合、加氢、裂解等工艺的反应设备，用于气、液体加热、冷却、液体汽化、蒸汽冷凝及废热回收的各种热量交换设备，用于原料、成品及半成品储存、运输、计量的储运设备等，通常称为"设备"，即本书所讲的"化工设备"。化工厂的机械装备80%左右属于化工设备。

本课程的主要任务：研究典型化工设备及常用零部件的材料选用、结构组成、性能特点、日常维护的方法。

二、化工设备工业的发展

新中国成立前，我国没有完整的化工设备工业，大部分生产设备及备品配件均靠国外进口。新中国成立后，陆续建立了一批化工机械厂来配合化工企业的生产。20世纪50年代末，我国已经能够生产压力为32.4MPa的多层包扎式高压容器。化工设备的发展，为化工工艺开发奠定了基础。20世纪60年代，国内化工生产逐步实现了设备大型化。20世纪80年代，我国氨碱厂的设备已经处于国际先进水平，可生产石墨换热器、氟塑料制成酸冷却器、硝酸吸收塔、$30m^3$聚合釜、年产30万吨合成氨、52万吨尿素联合装置等化工设备。20世纪90年代化工设备发展已具备向世界先进水平挑战的能力。21世纪，随着科学技术的进步，化工设备不仅向标准化、节能化、大型化发展，而且还向精细化、信息化、机电一体化发展。展望未来，化工设备必将以适应现代化学工艺生产的需要而飞速发展。

三、压力容器的分类

化工生产中所用的设备虽大小不一，形态各异，内部结构千差万别，但它们都有一个外壳，这个外壳统称为容器。容器是化工设备的基本组成部分。

1. 压力容器的定义

压力容器是指压力和容积达到一定的数值，容器所处的工作温度使其内部介质呈气体状态的密闭容器。按照我国《压力容器安全技术监察规程》的规定，同时具备下列条件的容器就称为压力容器：

① 最高工作压力大于或等于 0.1MPa（不含液柱静水压力）；

② 内直径（非圆形截面指断面最大尺寸）大于或等于 0.15m，且容积大于或等于 0.025m³；

③ 介质为气体、液化气体或最高工作温度高于或等于标准沸点的液体。

2. 压力容器的分类

压力容器的应用十分广泛，形式多种多样，根据不同的需要分类方法如下。

（1）按压力性质分类

① 内压容器，是指内部承受流体的压力，即容器内部压力大于外界压力的容器；

② 外压容器，是指外部承受流体的压力，即容器外界压力大于内部压力的容器。

（2）内压容器按其承压大小分类

① 低压容器（代号 L），$0.1 \leqslant p \leqslant 1.6$ MPa；

② 中压容器（代号 M），$1.6 < p \leqslant 10$ MPa；

③ 高压容器（代号 H），$10 < p < 100$ MPa；

④ 超高压容器（代号 U），$p \geqslant 100$ MPa。

（3）按容器壁厚分类

① 薄壁容器，是指器壁的厚度小于容器内径的 $\frac{1}{10}$ 者，即 $K = \dfrac{D_o}{D_i} < 1.2$；

② 厚壁容器，是指器壁的厚度大于或等于容器内径的 $\frac{1}{10}$ 者，即 $K = \dfrac{D_o}{D_i} \geqslant 1.2$。

式中，K 为直径比，D_o 是圆筒外径，D_i 是圆筒内径。

（4）按工作温度分类

① 常温容器，$-20℃ < t < 300℃$；

② 高温容器，$t \geqslant 300℃$；

③ 低温容器，$t \leqslant -20℃$；

④ 超低温容器，$t \leqslant -50℃$。

（5）按安全技术监察规程分类　我国《压力容器安全技术监察规程》按容器的压力等级、容积大小、介质的危害程度及在生产过程中的作用综合考虑，把压力容器分为三个类别。

① 一类容器，除第二类、第三类压力容器以外的所有的低压容器。

② 二类容器，有下列情况之一者：中压容器；易燃介质或毒性程度为中度危害介质的低压反应容器和储存容器；剧毒介质的低压容器；低压管壳式余热锅炉；搪玻璃压力容器。

③ 三类容器，有下列情况之一者：高压超高压容器；剧毒介质 pV（设计压力与容积的乘积）$\geqslant 0.2$ MPa·m³ 的低压容器或剧毒介质的中压容器；易燃或有毒介质，且 $pV \geqslant 0.5$ MPa·m³ 的中压反应器和 $pV \geqslant 10$ MPa·m³ 的中压储运器；高压、中压管壳式余热锅炉。

除上述常见的分类外，还可按工艺用途、制造方法等来分类。

四、化工设备的基本要求

化工生产具有生产过程复杂，工艺条件苛刻，介质具有易燃、易爆、有毒、腐蚀性强、生产装置大型化及生产过程的连续性、自动化程度高等特点。因此要求化工设备既能满足化工工艺的要求，又要能安全可靠地运行，同时还应经济合理。

1. 满足工艺要求

化工设备的许多结构尺寸都是由工艺计算决定的，工艺人员通过工艺计算确定容器的直径、容积等尺寸并提出压力、温度、介质特性等生产条件。机械制造人员所提供的设备从结构形式和性能特点应能在指定的生产条件下完成指定的生产任务。所以化工设备首先应满足化工工艺的要求。

2. 安全可靠运行

化工生产的特点决定了化工设备安全可靠运行的重要性。国内外生产实践表明，化工设备发生的事故相当频繁，而且事故的危害性极大，尤其是对环境的破坏。为了保证其安全运行，防止事故发生，世界各国都先后成立了专门的研究机构，从事专门的研究工作并指定了相关的技术规范。

保证化工设备安全可靠运行，具体体现在强度、刚度（稳定性）、密封性、耐久性及耐腐蚀性等多个方面。

3. 经济合理性要求

化工设备在满足工艺要求和保证安全可靠运行的前提下，应尽量做到经济合理。从选材、设计、制造、安装等方面减少费用。不仅要降低设备本身的成本，还要考虑操作、维护、修理费用，能源及动力的消耗等。

第二节 化工设备常用材料

材料是构成化工设备的物质基础，化工生产工艺的复杂性决定了化工设备选材的广泛性，但使用最多的还是各种钢材。

一、对压力容器用钢的基本要求

压力容器用钢首先应有足够的强度以满足压力载荷的需要，若强度过低会使容器壁过厚而显得粗笨且使制造安装不便；其次，容器在制造中是用冷卷、热冲压成型工艺和焊接连接的，要求材料应有良好的塑性和焊接性；为防止因缺陷形成应力集中，要求材料有良好的韧性；在交变载荷作用下具有抗疲劳破坏的能力，并能抵抗化工生产介质的腐蚀。

综上所述，对压力容器用钢的基本要求是：较高的强度，良好的塑性、韧性，良好的焊接性、抗疲劳能力和耐腐蚀性。

二、常用钢材的基本介绍

（一）钢材种类

压力容器用钢数量最多的是钢板，现就 GB 150—2011《钢制压力容器》中允许选用的钢板简要介绍如下。

1. 碳素结构钢钢板

在压力容器中可供选用的碳素结构钢钢板的牌号有 Q235-A·F、Q235-A、Q235-B、Q235-C。这属于一般用途的碳素结构钢而并非压力容器专用钢，但由于其轧制技术成熟，质量稳定，价格较低，在限定的条件下是可靠的，所以在规定的条件下可用于压力容器。

2. 压力容器用碳素钢和低合金钢钢板

压力容器常用的低碳钢，包括专用钢 Q345R、15CrMoR、16MnR、15MnNiR、09MnNiR、07MnCrMoNiR 等，与普通碳素钢比，具有高强度、高韧度和良好的可焊性，广泛用于各种塔器、换热器、容器、贮槽和管道等。

3. 低温压力容器用低合金钢钢板

低温容器的壳体应选用耐低温的钢板，如 16MnDR、15MnNiDR、09Mn2DR、09MnNiDR 等。具有足够的强度、韧性指标和低温力学性能，主要用于制冷、空分和加氢设备等。

4. 不锈钢钢板

这类钢板在空气、酸、水及其他强腐蚀性的介质中耐腐蚀或者在高温时抗氧化抗蠕变。其价格约为碳钢的 10 倍，一般不宜采用。不锈钢大部分用作设备衬里和内件或者与碳钢组成复合钢板制作容器。

（二）常用钢板名义厚度

碳素钢和低合金钢钢板有：3，4，5，6，8，10，…，（以 2 递进）…，60（单位为 mm）。厚度 60mm 以上依据钢板需要和供货情况而定。

高合金钢钢板有：2，3，4，…，（以 1 递进）…，20（单位为 mm）。厚度 20mm 以上钢板依据需要和供货情况而定。

第一章 薄壁容器基础知识

第一节 内压薄壁容器

一、内压薄壁圆筒的强度计算

1. 受力与变形

图 1-1(a) 所示为一圆筒形容器，筒体的平均直径为 D，厚度为 δ_0，内部介质压力为 p（大于筒体外部压力），筒身长为 l。现分析薄壁筒体在介质压力作用下的受力与变形。

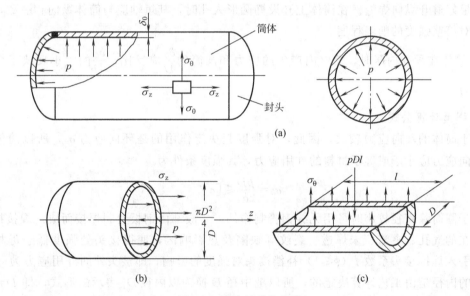

图 1-1 筒体的受力分析

由截面法分析得知，薄壁筒体在内压作用下，筒壁的轴向和环向都将受到拉伸，因而在横截面上存在轴向拉伸应力，用 σ_z 表示，如图 1-1(b) 所示；在纵截面上存在环向拉伸应力，用 σ_θ 表示，如图 1-1(c) 所示，根据对称关系，内压力 p 在筒体的纵横截面上不会引起剪应力，只会产生轴向应力 σ_z 和环向应力 σ_θ，即薄壁筒体处于两向应力状态。由于薄壁筒体厚度 δ_0 远远小于直径 D，可以假设 σ_z 和 σ_θ 沿厚度均匀分布。

2. 应力计算

筒体内轴向应力（σ_z）和环向应力（σ_θ）的数值，可用截面法求出。

（1）计算轴向应力　假想用一垂直于轴线的平面将筒体截开，如图 1-1(b) 所示，内压 p 的轴向合力为 $p\,\dfrac{\pi D^2}{4}$，截面上的内力（轴向应力 σ_z 的合力）为 $\pi D\delta_0\sigma_z$，根据静平衡条件 $\sum p_z = 0$，即

$$\pi D \delta_0 \sigma_z - p \frac{\pi D^2}{4} = 0$$

得
$$\sigma_z = \frac{pD}{4\delta_0} \qquad (1\text{-}1)$$

（2）环向应力计算　假想用一过轴线的平面将筒体截开，如图 1-1(c) 所示，并取长度为 l 的一段进行受力分析。内压 p 的合力为 pDl，截面上的内力（环向应力 σ_θ 的合力）为 $2\delta_0 l\sigma_\theta$，根据静平衡条件 $\sum p_\theta = 0$，即

$$2\delta_0 l\sigma_\theta - pDl = 0$$

得
$$\sigma_\theta = \frac{pD}{2\delta_0} \qquad (1\text{-}2)$$

比较式(1-1)与式(1-2)可得出如下结论。

① 薄壁圆筒的环向应力是轴向应力的两倍，即 $\sigma_\theta = 2\sigma_z$。

② 实验证明，因圆筒在制作过程中焊缝处可能存在缺陷，所以裂纹常发生在纵向焊缝处，故内压筒体易产生纵向裂纹而破裂。在设计和制造容器时，纵向焊缝的质量要求较高，开孔也最好避开纵向焊缝。在筒体上开设椭圆形人孔时，其短轴应与筒体纵向相一致，以降低开孔对筒壁强度的削弱程度。

③ 筒体在承受内压时，筒壁内产生的应力和圆筒的 $\dfrac{\delta_0}{D}$ 成反比，$\dfrac{\delta_0}{D}$ 的大小反映了筒体的承压能力。

3. 强度计算公式

由于筒体的环向应力较大，因此，对强度起决定作用的是环向应力 σ_θ，所以筒体内产生的环向应力应小于或等于材料的许用应力，其强度条件为

$$\sigma_\theta = \frac{pD}{2\delta_0} \leqslant [\sigma]^t \qquad (1\text{-}3)$$

由于圆筒除直径较小时可用无缝钢管制作外，一般都由钢板卷制焊接而成。焊接接头中可能存在的气孔、夹渣、未焊透、裂纹等缺陷及热影响区，使得接头处强度低于母材的强度，故引入焊接接头系数 ϕ（$\phi \leqslant 1$）补偿接头对强度的影响，即接头处的许用应力为 $[\sigma]^t\phi$。因圆筒的内径是由工艺计算决定的，所以把中径 D 换为以内径 D_i 表示的形式，即 $D = D_i + \delta_0$，使强度条件变为

$$\frac{p(D_i + \delta_0)}{2\delta_0} \leqslant [\sigma]^t\phi$$

整理后得计算厚度为

$$\delta_0 = \frac{pD_i}{2[\sigma]^t\phi - p}$$

考虑到化工生产中许多介质有腐蚀性，钢板厚度的不均匀和制造过程的损耗等，上式的计算厚度还必须增加一个厚度附加量 C，于是内压容器的厚度计算公式应为 $\delta = \delta_0 + C$，即

$$\delta = \frac{pD_i}{2[\sigma]^t\phi - p} + C \qquad (1\text{-}4)$$

式中　p——设计压力，MPa；是指设定的容器顶部的最高压力，其值不得小于工作压力，具体取值按表 1-1 选取；

　　　　D_i——圆筒的内直径，mm；

$[\sigma]^t$——材料在设计温度下的许用应力，MPa；

ϕ——焊接接头系数，按表 1-2 选取；

C——厚度附加量，mm。

厚度附加量按以下公式确定

$$C = C_1 + C_2 + C_3$$

其中 C_1 表示钢板厚度负偏差，查表 1-3、表 1-4。当钢板厚度大于 60～100mm 时钢板厚度负偏差取 1.5mm，当钢板厚度负偏差小于 0.25mm 且不超过钢板标准规格厚度的 6%时，可取 $C_1=0$；C_2 为腐蚀裕量，对于碳素钢和低合金钢，当介质为空气、水和水蒸气时取 C_2 不小于 1mm，对于不锈钢当介质的腐蚀性极微小时 C_2 等于 0，具体可参考表 1-5；C_3 为加工减薄量，筒体采用冷加工方法制造，取 $C_3=0$，封头 C_3 的取值见表 1-6。

表 1-1　设计压力确定

情　况	设计压力 p 取值
容器上装有安全漏放装置	等于或稍大于安全漏放装置的开启压力 p_z[1]$[p_z \leqslant (1.05\sim1.10)p_w$[2]$]$
单个容器不装安全漏放装置	取略高于工作压力
使用爆破片作为安全漏放装置	取防爆片的爆破压力
装有液化气体的容器	根据容器的充填系数和可能达到的最高温度确定

[1] 开启压力 p_z 为安全阀阀瓣开始升起，介质连续排出时的瞬时压力。

[2] p_w 为容器工作压力，指在正常工作情况下，容器内可能达到的最高压力。

表 1-2　焊接接头系数确定

焊接接头形式	焊接接头系数		
	全部无损探伤	局部无损探伤	不作无损探伤
双面焊的对接接头	1.0	0.85	0.7
单面焊的对接焊接接头,在焊接过程中沿焊缝根部全长有紧贴基本金属的垫板	0.9	0.8	0.65
单面焊的对接接头,无垫板	—	0.7	0.6

表 1-3　薄钢板厚度负偏差 C_1　　　　mm

名义厚度 δ_n	2	2.2	2.5	2.8～3.0	3.2～3.5	3.8～4.0
厚度负偏差 C_1	0.18	0.19	0.20	0.22	0.25	0.30

表 1-4　厚钢板厚度负偏差 C_1　　　　mm

名义厚度 δ_n	4.5～5.5	6～7	8～25	26～30	32～34	36～40	42～50	52～60
厚度负偏差 C_1	0.5	0.6	0.8	0.9	1.0	1.1	1.2	1.3

表 1-5　腐蚀裕量的选取 C_2　　　　mm

容器类别	碳素钢低合金钢	铬钼钢	不锈钢	备注	容器类别	碳素钢低合金钢	铬钼钢	不锈钢	备注
塔器及反应器壳体	3	2	0		不可拆内件	3	1	0	包括双面
容器壳体	1.5	1	0		可拆内件	2	1	0	包括双面
换热器壳体	1.5	1	0		裙　座	1	1	0	包括双面
热衬里容器壳体	1.5	1	0						

表 1-6　冲压成型封头的厚度拉伸减薄量 C_3　　　　　　　　mm

封 头 形 式	封头图样厚度	拉伸减薄量
椭圆形、碟形、折边锥形	$\leqslant 40$	$0.11(\delta_0 + C_2)$
	> 40	$0.15(\delta_0 + C_2)$
球形	所有厚度	$0.18(\delta_0 + C_2)$

二、内压球形容器

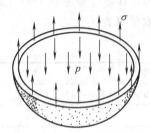

图 1-2　球壳的受力分析

化工设备中的球罐以及其他压力容器中的球形封头，都属于球形壳体。球形壳体的特点是中心对称，且各处的应力均相同，即轴向应力与环向应力相等，故没有"轴向"与"环向"之分。因此，球形壳壁上的应力值同样可以用截面法求出。如图 1-2 所示，用通过球心的平面把球形壳体截成两半，球形壳体在内压力 p 的作用下，产生垂直于截面的总外力为 $p\dfrac{\pi}{4}D^2$。这个总外力有使壳体两半分开的趋势，因此在壳体截面上产生拉应力 σ，而整个截面上的总内力为 $\sigma\pi D\delta_0$。

上述两个力为平衡状态，即

$$\sigma\pi D\delta_0 - p\frac{\pi}{4}D^2 = 0$$

故

$$\sigma = \frac{pD}{4\delta_0}$$

根据强度条件，同理可得

$$\delta_0 = \frac{pD_i}{4[\sigma]^t\phi - p}$$

考虑实际应用时的具体情况，内压球壳的厚度计算公式为

$$\delta = \frac{pD_i}{4[\sigma]^t\phi - p} + C \qquad\qquad (1\text{-}5)$$

式中各符号与式(1-4) 意义相同。

将式(1-5) 与式(1-4) 比较，可以看出，在同样直径，同样压力的情况下，球形壳壁的厚度仅是圆筒形壳体壁厚的一半；在相同的容积下，球形壳体表面积最小，故采用球形容器可以节省不少金属材料，因此球形容器得到广泛应用，一般多用来储存氧气、石油液化气、乙烯、氨、天然气等。但是球形容器在加工制造方面较麻烦，需要分瓣冲压后再焊接。图 1-3 所示的球形储罐主要用于压力较高的气体或液体的储存。随着设计、制造水平的不断提高，目前高压设备也有采用球形的。

图 1-3　球形储罐

三、容器厚度的确定

1. 最小厚度 $\delta_{\min}$

工作压力很低的容器，按强度公式计算的厚度往往是很小的，壳体很容易变形，不能满

足在制造、运输及安装过程中对容器刚度的要求，故 GB 150—2011 中对容器加工成型后不包括腐蚀裕量的最小厚度 δ_{min} 作了如下限制：

① 对碳素钢、低合金钢制容器，δ_{min} 不小于 3mm；

② 对高合金钢制容器，δ_{min} 不小于 2mm。

2. 名义厚度的确定过程

容器的名义厚度 δ_n 是指计算厚度 δ_0 加上厚度附加量 C 后向上圆整至钢材标准规格的厚度，其值应标注在设计图样上；可按下列方法确定：

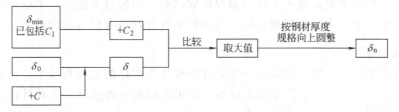

四、焊后热处理

压力容器的焊后消除应力热处理是保证压力容器内在质量的重要技术手段之一。其目的在于：消除焊接残余应力、冷变形应力，软化淬硬区，改善组织，减少含氢量，尤其对合金钢，可以改善力学性能及耐蚀性，还可以稳定构件的几何尺寸。

压力容器的焊后消除应力热处理通常是以回火（或低温退火）的方式进行的。常用的热处理方式有炉内整体热处理、炉内分段热处理和焊缝局部热处理三种。

【例 1-1】 某化工厂反应釜，内径 1400mm，设计温度为 150℃，工作压力为 1.5MPa，釜体上装有安全阀，其开启压力为 1.6MPa。釜体选用材料为 16MnR 钢板，16MnR 在 150℃时许用应力 $[\sigma]^t = 170MPa$，双面对接焊、全部无损检测。试确定该釜体的厚度。

解：

1. 确定各设计参数

因釜体上装有安全阀，所以取设计压力等于安全阀的开启压力，即 $p = 1.6MPa$；

釜体双面对接焊，全部无损检测，查表 1-2，焊接接头系数 $\phi = 1.0$；

按表 1-4，钢板厚度负偏差 $C_1 = 0.8mm$（假设其名义厚度在 8～25mm 之间）；

按表 1-5，腐蚀裕量 $C_2 = 3mm$；

筒体采用冷加工方法制造 $C_3 = 0mm$；

厚度附加量 $C = C_1 + C_2 + C_3 = 3.8mm$。

2. 釜体厚度确定

（1）计算厚度

$$\delta_0 = \frac{pD_i}{2[\sigma]^t \phi - p} = \frac{1.6 \times 1400}{2 \times 170 \times 1.0 - 1.6} = 6.6mm$$

（2）最小厚度

对低合金钢容器，其最小厚度 $\delta_{min} = 3mm$。

（3）名义厚度

$\delta = \delta_0 + C = 6.6 + 3.8 = 10.4mm$，$\delta_{min} + C_2 = 6mm$，取二者中的大值 10.4mm，按钢板厚度规格向上圆整后得釜体名义厚度 $\delta_n = 12mm$（在初始假设的 8～25mm 之间）。

第二节 内压封头形式的选用与计算

一、封头的形式及选用

压力容器封头的种类较多,一般分为凸形封头、锥形封头和平板形封头。平板形封头在压力容器中一般作人孔及手孔的盲板,在高压容器中采用平板端盖亦较多。锥形封头主要用于容器的下端,便于排放黏度较大或呈悬浮状的物料。凸形封头包括:半球形封头、椭圆形封头、碟形封头和无折边球面形封头等,这些封头各有其特点且应用较广泛。

1. 半球形封头

半球形封头实际上是球形容器的一半,在同样体积下球的表面积最小,在同样的承压条件下应力最小,故可选用较小的壁厚,节省材料、强度好。半

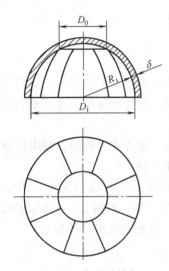

图 1-4 半球形封头

球形封头深度大,整体冲压制造较困难,所以除了压力较高、直径较小的压力容器或特殊需要者外,一般很少采用。较大直径的半球形封头可用数块成型钢板拼焊而成,如图 1-4 所示,每块钢板在拼焊前应先在水压机上冲压成型,这种用拼焊方法制造的半球形封头较简单。近年来随着化工机械制造业的发展,不仅中低压容器可采用半球形封头,高压容器往往也采用半球形封头代替平板端盖,从而节省了钢材。

2. 椭圆形封头

椭圆形封头见表 1-7 中图,它是由半个椭球和一段高度为 h_0 的直边部分组成。在椭圆形封头中,椭圆曲线是连续变化的光滑曲线,没有形状突变处,因此受力情况比较好,仅次于半球形封头。又因其深度较半球形封头浅,制造较容易,故目前广泛用于中低压容器,且规定标准椭圆形封头的长短轴之比

为 2,即 $\dfrac{D_i}{2h_i}=2$。设置直边部分的目的是使椭球壳和圆筒的连接边缘与封头和圆筒焊接连接的接头错开,避免了边缘应力与热应力叠加的现象,改善封头与圆筒连接处的受力状况。直边高度 h_0 的大小根据封头的直径和壁厚而定,有 25mm、40mm、50mm 三种。对于 $D_i \geqslant$ 1200mm 的碳钢和低合金钢制的封头因受钢板尺寸的限制,须由几块钢板拼焊后冲压。若 $D_i < 1200$mm 时,可用整块钢板冲压,此时不必考虑焊接接头的影响。封头厚度除满足强度外,还应满足刚度要求,对于标准椭圆形封头,其有效厚度不得小于 $0.15\%D_i$。

3. 碟形封头

碟形封头又称带折边的球面形封头,见表 1-7 中图,它是由几何形状不同的三部分组成,第一部分是以 R_i 为半径的部分球面;第二部分是高度为 h_0 的直边圆筒部分;第三部分是连接以上两部分的过渡部分,其曲率半径为 r_i。由于过渡部分曲率半径有突变,易产生较大的边缘应力,故应力分布不如椭圆形封头那样均匀。$\dfrac{r_i}{R_i}$ 的比值越小,边缘应力越大,对封头也就越不利,故规定 r_i 不小于封头壁厚的 3 倍。在碟形封头中设置直边部分的作用与

椭圆形封头相同，直边圆筒部分的高度 h_0 一般为 25～50mm。

碟形封头主要优点是加工制造比较容易，只要有球面胎具和折边胎具就可以模压成型。它的缺点是受力情况不如椭圆形封头好。

4. 无折边球面形封头

无折边球面形封头由深度较小的球面体与圆筒体直接焊接而成，见表 1-7 中图。它的结构简单，制造容易，常用于容器中两个独立受压室的中间分隔封头或用于直径较小、压力较低的容器上作端封头。筒体与封头连接处采用相近的厚度，其角焊缝采用全焊透结构。

5. 锥形封头

锥形封头主要用于压力较低的设备上。当介质中含有固体颗粒或当介质黏度较大时，容器的底部常采用锥形封头，以便汇集和卸出物料。

锥形封头有两种结构形式，即无折边锥形封头和有折边锥形封头，如表 1-7 所示。锥形封头的锥顶强度最高，所以锥顶点开孔一般不需要补强。锥形封头一般采用钢板卷制，有折边锥形封头要在卷制前先冲压出折边然后再卷制，也可卷完后再用模具冲出折边。

当锥形封头的锥体半顶角 $\alpha > 60°$ 时其厚度可按平盖计算。

6. 平盖

平盖又称平板端盖，见表 1-7 中图。平盖是各种封头中结构最简单，制造最方便的一种结构形式。常见的几何形状有圆形、椭圆形、长圆形、矩形及正方形等。因其受力状况最差，在相同的工艺条件下，平盖要比其他形式封头厚得多。

二、封头厚度计算

常用各种封头的厚度计算公式见表 1-7。

表中各公式中的符号：

p——设计压力，MPa；

$[p_w]$——容器的最大允许工作压力，MPa；

D_i——圆筒或封头的内直径，mm；

D_o——圆筒或封头的外直径，mm；

R_i——封头球面部分的内半径，mm；

r_i——封头折边部分的内半径，mm；

h_0——封头直边部分的高度，mm；

h_i——封头凸出部分的内侧高度，mm；

δ_0——封头强度计算厚度，mm；

δ——封头或筒体的有效厚度，$\delta = \delta_0 + C$，mm；

C——封头厚度附加量，mm；

α——锥形封头的半锥顶角，(°)；

ϕ——焊接接头系数；

δ_p——平盖计算厚度，mm；

δ_d——平盖设计厚度，mm；

D_c——平盖计算直径，mm；

K、M、f——结构特征系数。

表 1-7　封头计算公式

封 头 形 式		计 算 公 式
半球形封头		$\delta_0 = \dfrac{pD_i}{4[\sigma]^t\phi - p}$　mm $\delta = \delta_0 + C$　mm $[p_w] = \dfrac{4[\sigma]^t\phi\delta_0}{D_i + \delta_0}$　MPa
椭圆形封头		$\delta_0 = \dfrac{KpD_i}{2[\sigma]^t\phi - 0.5p}$　mm $\delta = \delta_0 + C$　mm $[p_w] = \dfrac{2[\sigma]^t\phi\delta_0}{KD_i + \delta_0}$　MPa $\dfrac{D_i}{2h_i} = 2$　　$K = 1$
碟形封头		$\delta_0 = \dfrac{MpR_i}{2[\sigma]^t\phi - 0.5p}$　mm $\delta = \delta_0 + C$　mm $[p_w] = \dfrac{2[\sigma]^t\phi\delta_0}{MR_i + \delta_0}$　MPa $\delta > 0.25\%D_i$　$R_i = 1.0D_i$　$r_i = 0.15D_i$ $h_i = 0.26D_i$　$M = 1.4$
无折边球面封头		$\delta_0 = \dfrac{QpD_i}{2[\sigma]^t\phi - p}$　mm，$\delta_f = \delta_0 + C$　mm $[p_w] = \dfrac{2[\sigma]^t\phi\delta_0}{QD_i + \delta_0}$　MPa Q 根据不同管力情况查图选取
锥形封头		无折边　$\alpha \leqslant 30°$ $\delta_0 = \dfrac{pD_i}{2[\sigma]^t\phi - p} \times \dfrac{1}{\cos\alpha}$　mm 有折边 $\delta_0 = \dfrac{pD_i f}{[\sigma]^t\phi - 0.5p}$　mm $\delta = \delta_0 + C$　$r_i = 0.15D_i$　mm $\alpha = 30°$　$f = 0.1554$ $\alpha = 45°$　$f = 0.645$
圆形平板封头		$\delta_p = D_c\sqrt{\dfrac{Kp}{[\sigma]^t\Phi}}$　mm $\delta_d = \delta_p + C$　mm

【例 1-2】　有一台石油分离的乙烯精馏塔，工艺要求为：塔体内径 $D_i=600\text{mm}$，设计压力 $p=2.16\text{MPa}$，工作温度 $t=-3\sim20℃$。材料为 16MnR，16MnR 在 150℃ 以下许用应力 $[\sigma]^t=170\text{MPa}$，试确定该塔的封头形式与尺寸。

解：从工艺要求来看，封头形状无特殊要求。现按几种凸形封头均作计算，然后进行比较确定。

（1）若采用半球形封头，其壁厚按下式确定

$$\delta=\delta_0+C=\frac{pD_i}{4[\sigma]^t\phi-p}+C$$

式中，$p=2.16\text{MPa}$；$D_i=600\text{mm}$；$\phi=0.8$（单面对接焊局部无损探伤）。封头虽可整体冲压，但考虑到封头与筒体连接处的环焊缝，其轴向拉应力与半球形封头壁内的应力相等，故应计入这一环焊缝的影响。

由此得封头的计算壁厚

$$\delta_0=\frac{pD_i}{4[\sigma]^t\phi-p}=\frac{2.16\times600}{4\times170\times0.8-2.16}=2.41\text{mm}$$

由 $\delta_0=2.41\text{mm}$，查表 1-3 得 $C_1=0.2\text{mm}$。取 $C_2=1\text{mm}$。

查表 1-6，$C_3=0.18(\delta_0+C_2)=0.18(2.41+1)=0.61\text{mm}$。

所以　　　　　　　　　$C=C_1+C_2+C_3=0.2+1+0.61=1.81\text{mm}$

故　　　　　　　　　　$\delta=\delta_0+C=2.41+1.81=4.22\text{mm}$

采用 5mm 厚的 16MnR 钢板制造。

（2）若采用椭圆形封头，其厚度按下式确定

$$\delta=\delta_0+C=\frac{KpD_i}{2[\sigma]^t\phi-0.5p}+C$$

式中 $\phi=1$（整体冲压）；$K=1$（标准椭圆形封头），p、D_i、$[\sigma]^t$ 同前。

所以　　　　$\delta_0=\frac{KpD_i}{2[\sigma]^t\phi-0.5p}=\frac{1\times2.16\times600}{2\times170\times1-0.5\times2.16}=3.83\text{mm}$

由 $\delta_0=3.83\text{mm}$，查表 1-3 得 $C_1=0.3\text{mm}$。取 $C_2=1\text{mm}$。

查表 1-6，$C_3=0.11(\delta_0+C_2)=0.11(3.83+1)=0.53\text{mm}$。

故　　　　　　　　　　$C=C_1+C_2+C_3=0.3+1+0.53=1.83\text{mm}$

于是　　　　　　　　　$\delta=\delta_0+C=3.83+1.83=5.66\text{mm}$

采用 6mm 厚的 16MnR 钢板制造。

（3）若采用碟形封头，其壁厚为

$$\delta=\delta_0+C=\frac{MpR_i}{2[\sigma]^t\phi-0.5p}+C$$

式中，$R_i=1.0D_i$，$M=1.4$（标准碟形封头），p、D_i、$[\sigma]^t$、ϕ 同上。

所以　　　　$\delta_0=\frac{MpR_i}{2[\sigma]^t\phi-0.5p}=\frac{1.4\times2.16\times600}{2\times170\times1-0.5\times2.16}=5.37\text{mm}$

由 $\delta_0=5.37\text{mm}$，查表 1-4 得 $C_1=0.5\text{mm}$。取 $C_2=1\text{mm}$。

查表 1-6，$C_3=0.11(\delta_0+C_2)=0.11(5.37+1)=0.7\text{mm}$。

故　　　　　　　　　　$C=C_1+C_2+C_3=0.5+1+0.7=2.2\text{mm}$

则　　　　　　　　　　$\delta=\delta_0+C=5.37+2.2=7.59\text{mm}$

采用 8mm 厚的 16MnR 钢板制造。

根据以上的计算，将以上三种封头的计算结果列表如下作比较：

形式	壁厚/mm	深度(包括直边)/mm	理论面积/m²	质量/kg	制造难易程度
半球形	5	300	0.565	22.3	较难
椭圆形	6	175	0.466	23	较易
碟形	8	161	0.412	26	较易

由上表可以看出选用椭圆形封头较为合适。

第三节　外压容器简介

外压容器是指容器的外部压力大于容器内部压力的设备。在化工生产中使用的压力容器，大多数承受的是内压力，但也有一些承受的是外压力。如石油分馏中的减压塔、多效蒸发中的真空冷凝器、带有蒸汽加热夹套的反应釜及真空输送设备等。还有一些容器同时承受外压力和内压力，例如带夹套的反应釜。

一、外压容器的失效

实践证明，有许多外压容器特别是外压薄壁容器，往往并不是因为强度不足而破坏，而是在外部压力作用下壳体失去原来形状，即被压扁或出现褶皱产生了严重的永久变形，致使壳体失去稳定性，这种现象称为外压容器的失稳。

外压容器的失稳，实际上是容器从一种平衡状态（筒体为原来形状的受力状态）向另一种平衡状态（成为波形后的受力状态）的突变。因此外压容器在失稳前一般均无明显的迹象而是突然出现失稳的，因此它的危害性更大。失稳时，截面形状由圆形变为曲波形，波数可能是两个，三个，四个……外压容器失稳时具体形状如图 1-5 所示。失稳时波形数的多少取决于原来圆筒的几何形状（即长径比 L/D 和厚径比 δ_0/D）和材料。

外压容器的失效主要有两种形式：一是刚度不够引起的失稳；二是强度不够造成的破裂。对于常用的外压薄壁容器，刚度不够而引起失稳是主要的失效形式。

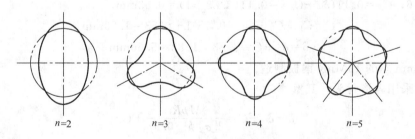

图 1-5　外压容器失稳后的形状

二、外压容器的临界压力

1. 临界压力 p_{cr}

导致外压容器失稳时的最低外压力（筒体的内外压力差）称为临界压力，用 p_{cr} 表示。筒体操作时允许的工作外压力一定要小于临界压力，否则筒体就发生失稳。

由于实际的圆筒或管子的截面形状都不是绝对圆的，即存在着圆柱度偏差，当操作压力

达到临界值的 $1/3\sim1/2$ 时，它们就有可能被压扁。此外操作条件的变化及材料的不均匀性，也会使圆筒实际能承担的外压力比计算的临界压力小。因此，考虑到安全裕度，取设计压力比临界压力小 m 倍，即

$$p\leqslant[p]=\frac{p_{cr}}{m} \tag{1-6}$$

式中　　p——设计外压力，MPa；

　　　　$[p]$——许用外压力，MPa；

　　　　p_{cr}——临界压力，MPa；

　　　　m——稳定系数，通常取 $m=3$。

2. 影响临界压力的因素

影响临界压力的因素有很多，而最主要的因素是筒体的厚度（δ_0）、直径（D）、长度（L）和材料的弹性模量（E）。

当 L/D 相同时，δ_0/D 大者临界压力高。而筒体的 δ_0/D 越大，筒体抵抗变形的能力也就越强。

当 δ_0/D 相同时，L/D 小者临界压力高。封头的刚度较筒体的高，筒体承受外压时，封头对筒体起着一定的支撑作用。这种支撑作用将随着圆筒长度的增加而减弱。因而圆筒越短，封头的刚性支撑作用越明显，其临界压力也就越高。

当 δ_0/D、L/D 相同时，有加强圈者临界压力高。利用刚度较大的加强圈焊在筒体的内壁或外壁上，同样可以起到支撑作用，从而提高临界压力。

筒体材料的弹性模量 E 大者临界压力高。外压筒体失稳时不是由于材料的强度不够引起的，而是材料的 E 值直接影响着临界压力。E 值大者，材料抵抗变形的能力强，即刚度好，临界压力就高。

除此之外，筒体的圆柱度偏差及材料的不均匀性，均会使其临界压力值下降。

三、提高外压容器稳定性的措施

由上面的分析得知：增加筒壁的厚度可提高临界压力，从而增强筒体的稳定性，但会浪费很多材料，特别是用不锈钢等贵重金属制造的外压容器会加大制造成本，造成不必要的浪费。同理，采用 E 值大的高强度钢也可以提高外压容器的稳定性，但是各种钢的 E 值相差不大。所以提高外压容器稳定性的最好措施是在外压容器筒体上设置加强圈，增加筒体的刚性，提高筒体的稳定性，还能节省大量的金属材料。

加强圈是设置在外压容器筒体内侧或外侧，具有足够刚性的环状构件。目前，加强圈通常用型钢制成，如扁钢、角钢、槽钢或工字钢等，其结构如图 1-6 所示。加强圈与筒体的连

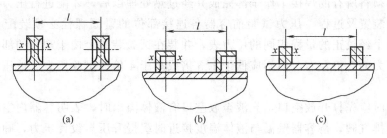

(a)　　　　　　　　　　(b)　　　　　　　　　　(c)

图 1-6　加强圈的结构

接通常采用焊接方法，在焊接时可采用连续或间断焊。为了使加强圈能起到加强筒体的作用，必须保证加强圈与筒体的紧密贴合。当加强圈设置在筒体外壁时，加强圈每侧间断焊接的总长度不应少于筒体外周长的1/2。当加强圈设置在筒体内壁时，每侧间断焊接的总长度不小于筒体内周长的1/3。加强圈两侧的间断焊可以相互错开或并排，其焊缝的布置与间距可参考图1-7。图1-7中最大间隙 t 对外加强圈为 $8 \times \delta_n$，对内加强圈为 $12 \times \delta_n$。

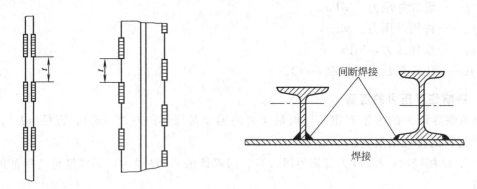

图1-7　焊缝布置示意图

第四节　压力试验与致密性试验

压力容器经制成或检修后，在交付使用前，必须进行检验。这是因为容器在制造过程中，从材料选取、加工焊接、组装，直到热处理，对原材料和各工序虽然都有工序检查和检验，但因检查方法及范围的局限性，可能存在材料缺陷和制造工艺缺陷。

检验技术包括：焊缝缺陷的检验、设备结构的检验、压力试验和致密性试验等，这里仅介绍压力试验和致密性试验。

一、压力试验

1. 压力试验的目的

压力试验的目的是：验证超过工作压力条件下密封结构的严密性、焊缝的致密性以及容器的宏观强度。容器经过压力试验合格以后才能交付使用。

2. 压力试验的方法及要求

压力试验有两种：液压试验和气压试验。一般采用液压试验，对不允许有微量残留液体及由于结构原因不能充满液体等不适宜做液压试验的容器须进行气压试验。对需要进行热处理的容器，必须将所有的焊接工作全部完成并经过热处理以后，才能进行压力试验。

（1）试验装置及过程　压力试验前容器各连接部位的紧固螺栓必须装配齐全、紧固妥当，必须用两个经校正的量程相同的压力表，并装在试验装置上便于观察的部位。压力表的量程在试验压力的2倍左右，但不应低于1.5倍或高于4倍的试验压力。液压试验的装置如图1-8所示。

液压试验时应先打开放空口，充液至放空口有液体溢出时，表明容器内空气已排尽，再关闭放空口的排气阀，待容器壁温与液体温度接近时缓慢升压至设计压力，确认无泄漏后继续升压至规定的试验压力，保压不少于30min，然后将压力降至规定试验压力的80%，并保持足够长的时间（一般不少于 30min，但不得采用连续加压以维持试验压力不变的做法，也不得带压紧固螺栓）检查所有焊接接头及连接部位，如发现有渗漏则需修补后重新试验。

压力容器液压试验时无渗漏、无可见的异常变形，试验过程中无异常的响声即认为合格。

气压试验时应缓慢升压至规定试验压力的 10%且不超过 0.05MPa，保压 5min 后对所有焊接接头和连接部位进行初步泄漏检查，如有泄漏修补后重新试验。初次泄漏检查合格后，再继续缓慢升压至规定试验压力的 50%，然后按每级为规定试验压力的 10%的级差逐渐增至规定的试验压力，保压

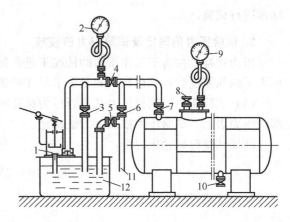

图 1-8　液压试验装置示意图
1—水压泵；2,9—压力表；3~6—阀门；7—进水阀门；
8—出气阀门；10—排水阀门；11—自来水管；
12—水槽

10min 后将压力降至规定试验压力的 87%，并保持足够长的时间（一般不少于 30min，但不得采用连续加压以维持试验压力不变的做法，不得在试验时紧固螺栓），再次进行泄漏检查，如有泄漏则需修补后再按上述规定重新试验。

气压试验经肥皂液或其他检漏液检查无漏气、无可见异常变形即为合格。

（2）试验介质及要求

① 液压试验。凡是在压力试验时不会导致发生危险的液体，在低于其沸点温度下都可作为液压试验的介质，液压试验的介质一般是水，水的可压缩性很小，若容器一旦因缺陷扩展而发生泄漏时，水压立即下降，因而用水作试压介质既安全又廉价，且操作也较为方便，故得到了广泛使用。液压试验时应注意以下几点：

a. 一般采用清洁水进行试验，对奥氏体不锈钢制造的容器用水进行试验后，应采取措施除去水渍，防止氯离子腐蚀，无法达到这一要求时，应控制水中氯离子的含量不超过 25mg/L；

b. 若采用不会导致发生危险的其他液体作试验介质时，液体的温度应低于其闪点或沸点；

c. 碳素钢、正火 15MnVR 和 16MnR 钢制容器液压试验时，液体温度不得低于 5℃；其他低合金钢容器，液体温度不得低于 15℃，其他钢种的容器按图样规定；

d. 液压试验后，应及时将试验介质排净，必要时可用压缩空气或其他惰性气体将容器内表面吹干。

② 气压试验。气压试验所用气体应为干燥、洁净的空气、氮气或其他惰性气体。对高压及超高压容器不宜采用气压试验。气压试验应注意以下几点：

a. 有可靠的安全措施，该措施需经试验单位技术总负责人批准，并经本单位安全部门现场检查监督；

b. 碳素钢和低合金钢制容器，试验用气体温度不得低于 15℃，其他钢种的容器按图样规定；

c. 试验时若发现有不正常情况，应立即停止试验，待查明原因采取相应措施后，方能

继续进行试验。

3. 试验压力的确定及试验应力的校核

压力试验是在高于工作压力的情况下进行的，所以在进行试验前应对容器在规定的试验压力下的强度进行理论校核，满足要求时才能进行压力试验的实际操作。

（1）试验压力　试验压力是进行压力试验时规定容器应达到的压力，其值反映在容器顶部的压力表上。试验压力按如下方法确定。

液压试验时试验压力为

$$p_T = 1.25 p \frac{[\sigma]}{[\sigma]^t} \qquad (1\text{-}7)$$

气压试验时试验压力为

$$p_T = 1.15 p \frac{[\sigma]}{[\sigma]^t} \qquad (1\text{-}8)$$

式中　p_T——容器的试验压力，MPa；

p——容器的设计压力，MPa；

$[\sigma]$——容器元件材料在试验温度下的许用应力，MPa；

$[\sigma]^t$——容器元件材料在设计温度下的许用应力，MPa；

t——容器的设计温度。

在确定试验压力时应注意以下几点：

① 式(1-7)、式(1-8)中的 $\dfrac{[\sigma]}{[\sigma]^t}$ 最大值取 1.8；

② 容器铭牌上规定有最大允许工作压力时，公式中应以最大允许工作压力代替设计压力；

③ 容器各元件（圆筒、封头、接管、法兰及紧固件等）所用材料不同时，应取各元件材料的 $[\sigma]/[\sigma]^t$ 比值中最小者；

④ 立式容器卧置进行液压试验时，其试验压力应为按式(1-7)确定的值再加上容器立置时圆筒所承受的最大液柱静压力，容器的试验压力（液压试验时为立置和卧置两个压力值）应标在设计图样上。

（2）应力校核　液压试验时圆筒的应力应满足的条件为

$$\sigma_T = \frac{p_T(D_i + \delta_e)}{2\delta_e} \leqslant 0.9 \phi \sigma_s (\sigma_{0.2}) \qquad (1\text{-}9)$$

气压试验时圆筒的应力应满足的条件为

$$\sigma_T = \frac{p_T(D_i + \delta_e)}{2\delta_e} \leqslant 0.8 \phi \sigma_s (\sigma_{0.2}) \qquad (1\text{-}10)$$

式中　σ_T——试验压力下圆筒的应力，MPa；

p_T——按式(1-7)或式(1-8)确定的试验压力（不包括液柱静压力），MPa；

D_i——圆筒内径，mm；

δ_e——圆筒的有效厚度，mm；

ϕ——焊接接头系数；

$\sigma_s(\sigma_{0.2})$——圆筒材料在试验温度下的屈服强度（或 0.2%屈服强度），MPa。

二、致密性试验

致密性试验的目的是检查容器可拆连接部位的密封性能及焊缝可能发生的渗漏。包括气密性试验和煤油渗漏试验。

对剧毒介质和设计要求不允许有微量介质泄漏的容器，在液压试验合格后还要做气密性试验（气压试验合格的容器不必再做气密性试验），气密性试验的试验压力可取设计压力的1.05倍。试验时缓慢升压至规定的试验压力后保压10min，然后降至设计压力，对所有焊接接头和连接部位进行泄漏检查，小型容器也可浸入水中检查，如有泄漏则需修补后重新进行液压试验和气密性试验。

对常压容器或不便采用其他方法检查的容器可采用煤油渗漏试验来检验其密封性，煤油渗漏试验有时也可作为大型设备的密封性初检手段。煤油渗漏试验时，先将待检面的焊缝清理干净，并涂刷白垩粉浆，待充分晾干后在另一侧面涂刷2～3次煤油，使表面得到足够的浸润，经过0.5h后在白垩粉侧的表面如果没有油渍出现，即为实验合格。若出现油渍则说明有缺陷，待修补后重新试验。修补缺陷时，要注意防止煤油受热起火。

第五节　压力容器的维护和检修

压力容器在化工生产中数量多，工作条件复杂，危险性大。因此，加强压力容器的技术管理、精心操作和维护，定期进行检查是非常重要的。

一、压力容器的维护与检查

为了用好、管好和修好压力容器，容器操作人员须经过安全技术培训，熟悉生产工艺流程，懂得压力容器的结构原理，严格遵守安全操作规程，明确操作要点，能及时分析和处理异常现象，这是保证压力容器安全使用的基本环节。这里简要介绍压力容器的维护与检查的一般知识。

1. 压力容器的正确使用

正确和合理使用压力容器主要包括以下几方面：

① 启用压力容器，一定要检查各阀门的开关状态，压力表的数值，安全阀和报警装置的灵敏性；

② 在开关进、出口阀门时，要核实无误后才能操作，操作要平稳，阀门的开启与关闭应缓慢进行，使容器有一个预热过程和平稳升降压过程，严防容器骤冷骤热而产生较大的温差应力；

③ 压力容器不得超压、超温、超负荷运行，定时查看压力表、流量表、温度表的读数，注意设备内的工艺参数变化，发现异常应及时调整至工艺控制指标范围以内；

④ 当容器的主要受压元件发生裂纹、鼓包、变形，容器近处发生火灾或相邻设备管道发生故障，安全附件失效，接管管件断裂，紧固件损坏等情况之一时，应立即采取安全保护措施并及时向有关领导报告。

2. 压力容器的科学管理

化工生产是连续性生产，为使设备长周期运转，关键要对压力容器做好科学管理，管理内容主要有两大方面：

① 建立、健全压力容器技术档案，如原始技术资料，使用检修记录，技术改造、拆迁和事故记录及操作条件变化时应记录下变更日期及变更后的实际操作条件下的运行情况；

② 技术管理制度，如厂、车间、班组人员的岗位责任制，安全操作规程，事故报告制度，定期检验制度等。

3. 维护检查主要内容

维护检查主要是运行中及停车后的维护与检查。

(1) 运行中的经常性检查　运行中的经常性检查对全厂设备的定期检修、更新，起着至关重要的作用，检查重点内容见表1-8。

表1-8　运行中经常性检查

检查项目		检查方法	说　明
设备操作记录		观察、对比、分析	了解设备运行状态
压力变化		察看仪表	①压力上升可能是污垢堆积而增加 ②压力突然下降可能是泄漏
温度变化		①触感 ②察看仪表	①注意设备外壁超温和局部过热现象 ②内部耐火层损坏引起壁温升高 ③流体出口温度变化可能是设备传热面结垢
流量变化		察看仪表	开大阀门，流量仍不能增加时设备可能堵塞
物料性质变化		①目视 ②物料成分	产品变色，混入杂质可能是设备内漏或锈蚀物剥落所致
外观检查	保温层	目视	①应无裂口、脱落等现象 ②外表防水层接口处不得有雨水侵入
	防腐层	目视	涂料剥落、损坏时要注意检查壁面腐蚀情况
	各部连接螺栓	①目视 ②用扳手检查	应无腐蚀、无松动
	主体、支架、附件	目视	应无腐蚀、无变形、接地良好
	基础	①目视 ②水平仪	应无下沉、倾斜、裂纹
内部声响		听音棒	①内件固定点脱落时常发生振动和异常声响 ②塔类设备内件松脱或堵塞时，可引起液面变化
外部泄漏		①嗅、听、目视 ②发泡剂(肥皂水等) ③试纸或试剂 ④气体检测器 ⑤超声波泄漏探测器 ⑥红外线温度分布器	除检查设备主体及共焊缝外，还要特别注意法兰、接管口、密封、信号孔等处的泄漏情况
设备缺陷		声发射无损探伤技术	根据所发射声波的特点以及引起声发射的外部条件能够检查出发声的地点，即缺陷所在部位。不但能了解缺陷的目前状态而且能了解缺陷的发展趋势。所以，声发射技术可以对运行中的容器进行连续监视，在预测危险后停止运动，确保安全

(2) 压力容器的定期检查　压力容器定期检查就是在容器的使用过程中每隔一定的期限，采用各种适当而有效的方法，对容器的各个承压部件和安全附件进行检查和必要的试验，以便及早发现问题，并予以妥善处理，防止在运行中发生事故。压力容器的定期检查根据其检验项目、范围和期限分为外部检查、内部检查和全面检查。

① 外部检查。容器的外部检查通常在运行中进行，当发现有危及安全的现象及缺陷时(如受压元件开裂、变形、严重泄漏等)，应予停车。外部检查既是检验人员的工作，也是操

作人员日常巡回检查的重要内容。压力容器的检验人员对容器外部检查每年至少一次。外部检查的主要内容有：

　　a. 容器的防腐蚀层、保温层及设备铭牌是否完好；

　　b. 容器外表面有无裂纹、变形、局部过热等不正常现象；

　　c. 容器接管焊缝、受压元件及密封结构等有无泄漏；

　　d. 安全附件是否齐全、灵敏、可靠；

　　e. 紧固螺栓是否完好，基础有无下沉、倾斜等现象。

　　② 内部检查。容器的内部检验需要停车进行。通过检验，对存在的缺陷要分析原因和提出处理意见，需要检修的由修理人员修复后再进行复验。压力容器的内部检验每三年进行一次，但有强烈腐蚀介质、剧毒介质的容器检验周期应予缩短；运行中发现有严重缺陷的容器、制造质量差及上次检验发现缺陷提出监控要求的容器应缩短检验周期。容器内部检验的主要内容有：

　　a. 外部检查的全部内容；

　　b. 容器内外表面、开孔接管处有无介质腐蚀或冲刷磨损等现象；

　　c. 容器的所有焊接接头、封头过渡区和其他应力集中的部位有无裂纹，必要时采用超声波或射线检测焊接接头的内部质量；

　　d. 对有衬里的容器，发现衬里损坏、有可能影响容器本体时，应去掉衬里对容器作进一步检查；

　　e. 对腐蚀、磨损等有怀疑的部位测量其壁厚，并进行强度校核，对可能引起金属金相组织变化的容器，必要时进行金相和表面硬度测定；

　　f. 高压、超高压容器的主要紧固螺栓，应进行外形宏观检查，并用磁粉和着色法检查有无裂纹。

　　③ 全面检查。容器全面检验的主要内容除了内外部检验的项目外，还要进行压力试验，并根据容器的特性确定对主要焊接接头进行无损检测抽查或全部焊接接头进行无损检测。对压力很低、体积较小且介质为非易燃或无毒的压力容器，经宏观检查和表面检测未发现缺陷，可以不作射线或超声波检测抽查。压力容器的全面检验规定每六年进行一次，通过全面检验对设备的技术状况作出全面评价，并确定能否使用。

　　容器检验结束后，检验人员及检验单位应及时整理检验资料，写出检验报告，并纳入压力容器技术档案。第三类压力容器及当地压力容器安全监察机构规定的其他容器，其检验报告还应抄报当地压力容器安全监察机构。

二、压力容器的检修

　　压力容器的检修通常为计划检修，根据检修内容、周期和要求的不同，分为小修、中修和大修。还有一种为计划外检修，是在生产过程中设备突然发生故障或事故，必须进行不停车或停车的计划外检修。这里重点介绍一些常见故障及修理方法。

1. 积垢原因及修理方法

　　(1) 化工生产过程中设备工作表面形成积垢原因

　　① 水垢。水垢通常是指附着在设备传热表面上的一层不溶性盐类，因温度升高时从水中结晶析出。

　　② 晶体积附。当设备的工作条件适合溶液析出晶体，传热表面即可积附由物料结晶形

成的垢层。

③ 机械物杂质或有机物沉积。流体中的尘埃、泥沙、植物碎屑、脱落的金属腐蚀产物等称为机械杂质；藻类、菌类、各种原生动物等称为有机物。当机械杂质和有机物较多时，就会在设备内沉积，形成疏松、多孔或胶凝状污垢。

④ 产品分解。有机物料在加热、水解、胶化等生产过程中，可分解出焦化物而附着于设备工作表面，形成较硬的垢层。

⑤ 结构材料的腐蚀。常见的是以氧化铁为主体的铁锈，基本不溶于水，随着腐蚀的不断进行，设备工作表面附着的锈层就会越来越厚。

（2）清理设备工作表面的积垢　可根据污垢的性质和工作量的大小选用适宜的方法，目前常用的除垢方法有机械清理法、化学清洗法和高压水冲洗法。

① 机械清理方法（见图1-9）：利用器械或使用简单工具的手工清理除垢的方法。该法用于管子内部清洗，在一根圆棒或管子的前端装上与管子内径相同的刷子、钻头、刀具等插入到管内，一边旋转一边向前（或向下）推进以除去污垢。这种方法对设备的材料没有腐蚀性，但其效率低于化学清洗法。若清理换热器管内的积垢，可用管式冲水钻，当管径较大时，可用铰锥式刀头。对于设备或瓷环内部的积垢，也可用喷砂法进行清除。

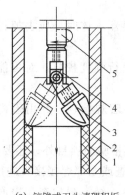 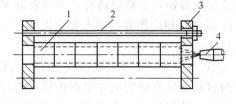

(a) 铰锥式刀头清理积垢　　　　　　　(b) 瓷环喷砂除垢

1—垢层；2—管子；3—刀头；4—万向联轴节；5—软轴　　　1—瓷环；2—夹紧螺栓；3—夹持法兰；4—喷砂嘴

图1-9　机械清理方法

② 化学清洗方法（见图1-10）：利用化学溶液与污垢作用而除去积垢的方法。这种方法效率高，适用于复杂装置及大型设备的清洗，可在不拆卸设备的情况下进行，且不损伤金属衬里，应用极为广泛。化学清洗方法常见的有循环法和浸渍法，化学溶液可为酸性或碱性，视积垢的性质而定。目前又有一种泡沫清洗技术可以解决大容积设备的清洗。

③ 高压水冲洗方法（见图1-11）：利用高压水流冲击力除垢的方法，可用于设备壳体内壁、管束的管外空间及其他零部件外表面积垢的清理。清洗用的水流经高压泵加压后由喷枪以高速喷出，迫使污垢脱离金属表面。当积垢较坚硬时，可在喷水中混入细石英砂提高水流的冲刷力。这种方法冲洗效率较高，应用十分广泛。

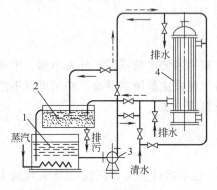

图1-10　化学清洗方法（循环法）

1—储槽；2—沉淀槽；3—泵；4—被洗设备

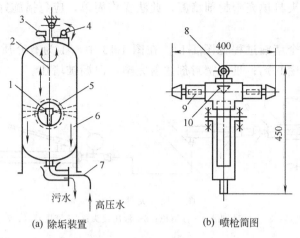

(a) 除垢装置　　　　　　(b) 喷枪简图

图 1-11　高压水冲洗方法

1—喷枪；2—链条；3—旋转扳手；4—手动卷扬机；5—人孔；

6—储槽；7—软管；8—吊环；9—稳定器；10—菌形导流帽

2. 泄漏原因及修理方法

化工生产一般是在气相和液相下进行，介质需用管道输送。在生产和输送过程中，由于设备和管道密封不良，腐蚀严重或操作不当等原因，往往造成物料泄漏。容器泄漏通常有四种类型：静密封点泄漏、焊接点泄漏、腐蚀和磨损引起的泄漏及铸件缺陷泄漏。典型泄漏原因及修理方法如下。

（1）对高温、高压下密封连接结构选择不当　对于受高温高压的法兰、垫片、螺栓等即使正确操作，紧固很好，也仍然泄漏不止或由于热应力等经常发生泄漏。这就需要重新研究法兰、垫片、螺栓等的结构和材质等是否合理。另外，高压密封连接件有着极高的配合要求，不能调配，金属垫片不允许重复使用，以保持配合严密性从而减少泄漏。

（2）由于管系的热应力等异常应力而引起的法兰或螺栓的损伤　这种损伤使垫片受压面发生变化而产生泄漏，修理方法是增加管系的可挠性（如温度补偿器）。

（3）连接件的热膨胀不均匀　由于法兰、垫片、螺栓的热膨胀不均，法兰部位易产生温度梯度，也易发生泄漏。因此要缓和法兰部位的温度梯度，均化热膨胀。

（4）法兰刚性不足，垫片配合面产生缺陷　原因是法兰变形后，不能均匀压紧垫片压面而产生泄漏。修理方法是提高法兰的刚性，降低垫片系数（参阅第二章法兰连接中的相关内容）。

（5）法兰平行性不好，中心偏差　由安装不当或机械损伤使垫片与密封面不贴合处泄漏。修理方法是重点加工垫片配合面或更换法兰，校正法兰的平行性和中心线。

（6）螺栓强度不够、松动或腐蚀　由于高温螺栓易发生蠕变或因振动、热变化、应力缓和而松动，另外螺栓外部易产生腐蚀从而发生泄漏。修理方法是更换螺栓材质，增大螺栓尺寸，使热变化均匀，经常紧固螺栓，若发生腐蚀，则更换新螺栓。

（7）垫片承受压力不足、腐蚀、变质或材质产生缺陷　由于各种综合情况而引起垫片承压力不足；因介质的作用，垫片产生腐蚀或随使用时间的增加，垫片发生变质等使连接部位发生泄漏。修理方法是紧固螺栓，改变尺寸或材质，更换垫片。

（8）带压堵漏法（不停车带压密封技术）　当中、高压管道、法兰、阀门和设备等发生泄漏时也可采用特制夹具填充密封剂堵漏,此法操作简单,应急措施好,堵漏设备和器具的安装见图1-12。

以法兰为例,整个堵漏过程见图1-13。在图1-13中,Ⅰ为有介质泄漏的法兰;Ⅱ为安装好夹具并开始注入密封剂;Ⅲ为密封剂注射完毕,泄漏被堵住。

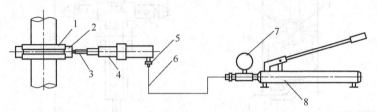

图1-12 夹具安装

1—泄漏部件;2—夹具;3—注胶接头;4—注射枪;5—液压接头;6—液压胶管;7—压力表;8—液压泵

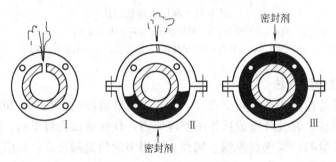

图1-13 法兰带压堵漏过程

3. 壁厚减薄的原因及修理方法

化工生产中造成设备壁厚减薄的主要原因是腐蚀、冲蚀和磨损,其中最常见的是腐蚀减薄。其减薄形式有全面性和局部性两种,全面性壁厚减薄是由均匀腐蚀或磨损造成的。如果设备的壁厚已小于最小允许厚度,设备应降压使用或报废停用。

局部性壁厚减薄是由局部腐蚀、冲蚀或磨损造成的。一般减薄速度较快,易形成局部穿孔泄漏。当局部减薄比较严重时,可对减薄部位进行挖补修理。

4. 局部变形的原因及修理方法

局部变形是指设备壳体上出现局部凹入或凸出等现象,使设备的可靠性降低。

造成局部变形的主要原因是结构或操作上的不合理。例如设备在开孔时,未按规定补强,焊缝交叉过于密集等。在操作不当时设备局部过热,使材料强度降低,使相应部位也产生塑性变形。

修理方法主要采用压模矫正器矫正局部凸出变形,如图1-14所示。

对碳钢设备,工作压力不大,局部变形不严重又未产生裂纹时,可施加静压力或用冲击的方法对局部变形进行热矫形。矫正可一次完成,也可数次完成,在矫正过的壁面上可敷焊一层低碳钢板,防止此处再度变形。

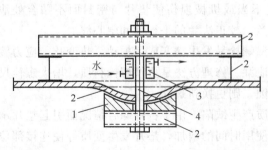

图1-14 压模矫正器

1—压模;2—变形的设备壁面;3—冷却夹套;4—螺栓

5. 裂纹

裂纹是指设备壳体发生开裂现象，导致设备出现泄漏。有诸多原因可使设备产生裂纹，如：局部变形、应力集中、应力腐蚀、氢损害、载荷以及材料缺陷等。裂纹种类可分三大类。

（1）未穿透的裂纹　若裂纹深度小于壁厚的 10％且不大于 1mm，可以用砂轮把裂纹磨掉，并与金属表面圆滑过渡。裂纹深度不超过壁厚的 40％，可在裂纹深度范围内铲出 50°～60°的坡口后补焊。裂纹深度已超过壁厚的 40％（又称窄裂缝），可在整个壁厚内开出坡口并进行补焊。

（2）穿透的窄裂缝　裂纹宽度在 15mm 以下的称为窄裂缝，补焊时根据设备壁厚而定。当壁厚小于 12～15mm 时可采用单面坡口，壁厚大于 12～15mm 时应采用双面坡口。设备上的各部位（除应力集中的部位外）都可以采用补焊方法修理。

（3）穿透的宽裂缝　裂纹宽度在 15mm 以上的称为宽裂缝，采用挖补修理的方法，即将缺陷部位挖除并补焊上新板的修理方法。

上述三类裂纹的补焊均参照原设备图纸和技术条件，并执行 NB/T 47015—2011《钢制压力容器焊接规程》。

6. 静电电击和火花

静电是指在生产和运输过程中，在物料、设备装置、人体、器材和构筑物上产生和积累起来的电荷。静电的产生与很多因素有关，如：固体的带电、粉体的带电、液体的带电、气体的带电、感应带电（如人体带电）等。

静电会给生产造成严重的损失和危害，因为静电火花常成为引起燃烧、爆炸的能源。因此，易燃、易爆危险场所可能产生静电的物体，应采取静电接地。对非易燃、易爆危险场所内的物体，如因其静电会妨碍生产操作、影响产品质量或使人体受静电电击时，也应采取静电接地。

有关静电接地的其他规定，可按《化工企业静电接地设计技术规定》执行。

压力容器修理后还应进行检验，即对修理质量进行检查。拆开后的设备要按照原图纸和化工工艺要求进行组装。然后进行水压试验和气密性试验。最后撤除检修时的临时设施，清理杂物和垃圾，保证安全文明生产。

思 考 题

1. 内压圆筒形容器的轴向应力和环向应力哪个大？
2. 在压力容器的筒体上开设椭圆形人孔，其长、短轴应如何布置？为什么？
3. 内压球形容器的应力分布有什么特点？
4. 圆筒形容器有哪几种封头？各有什么特点？
5. 外压容器的破坏和内压容器的破坏形式有什么不同？
6. 如何提高外压容器的稳定性？
7. 压力容器进行压力试验的目的是什么？通常采用哪种试验？
8. 进行液压、气压试验的步骤及注意的问题有哪些？
9. 简述试验压力的确定及试验应力的校核。
10. 气密性试验在什么情况下进行？
11. 如何正确操作压力容器？

12. 压力容器运行中的检查项目有哪些？

13. 试述压力容器的定期检查的期限及内容。

14. 简述压力容器常见故障及修理方法。

习　题

1. 某一蒸汽包内蒸汽压力为 2.5MPa，蒸汽包筒体的内径为 800mm，壁厚为 10mm（不考虑壁厚附加量）。试计算汽包筒体壁内的应力。

2. 试确定一液氨储罐的筒体及封头厚度。材料为 16MnR，储罐内径 1200mm，设计温度按 50℃ 考虑时，液氨饱和蒸气压为 2.03MPa。封头分别按半球形、标准椭圆形、碟形（$R_i = 0.9D$、$r_i = 0.15D_i$）三种类型计算，并进行比较。腐蚀裕量 $C_2 = 1.5$mm。16MnR 在 150℃ 以下许用应力 $[\sigma]^t = 170$MPa。

3. 一装有液体罐形容器，罐体内径 2000mm，两端为标准椭圆封头，材料 Q235-A，考虑腐蚀裕量 2mm，焊接接头系数 0.85；罐底至罐顶高度 3200mm，罐底至液面高度 2500mm，液面上气体压力不超过 0.15MPa，罐内最高工作温度 50℃，液体密度 1160kg/m³，随温度变化很小。试确定该容器厚度并校核水压试验应力。Q235-A 在 150℃ 以下许用应力为 $[\sigma]^t = 113$MPa。

第二章 容器附件

压力容器由壳体（筒体）、封头（又称端盖）、法兰、支座、接口管及人孔、手孔、视镜等组成。通常将筒体和封头称为容器的主要部件，而把筒体和封头之外的部件称为附件。容器的筒体和封头在第一章已介绍过，本章主要介绍容器附件的有关知识。

第一节 法兰连接

在石油化工生产中，为了工艺操作的需要以及设备制造、安装、检修方便，设备和管道往往采用可拆连接。常见的可拆连接结构有法兰连接和螺纹连接。由于法兰连接有较好的强度和密封性，适用的尺寸范围较大，在设备和管道上都可使用，所以被广泛采用。法兰连接的不足之处是不能很快地装配与拆卸，有些类型的法兰成本较高。

一、法兰连接的组成

法兰连接是由一对法兰、数个螺栓、螺母和一个垫片组成，如图 2-1 所示。当法兰与容器壳体、封头或管道连接时则形成"法兰螺栓垫片连接系统"，所以，法兰不是独立的承载元件。法兰连接的失效判据应以防止"泄漏"为准则，与系统的刚度和强度也相关联。

二、法兰的结构形式

法兰按其整体性程度分为整体法兰、松式法兰和任意式法兰。

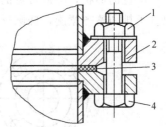

图 2-1　法兰连接组成

1—螺母；2—法兰；3—垫片；
4—螺栓

1. 整体法兰

整体法兰其法兰盘、法兰颈部及容器或接管三者能有效地连接成一整体结构。如图 2-2(a) 所示，法兰盘与锥形截面的颈部锻制为一整体，再与容器壳体或接管对焊在一起，故又称对焊法兰，锥颈的作用是提高法兰的强度和连接刚度。对于铸铁和铸钢设备，法兰则可直接与设备铸成整体，如图 2-2(b) 所示。整体法兰适用于压力和温度较高及直径较大的设备。但其与容器壳体或接管连成一体，当法兰受力后在壳体或接管中会产生附加的弯曲应力。

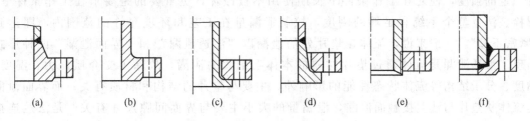

(a)　　　(b)　　　(c)　　　(d)　　　(e)　　　(f)

图 2-2　法兰类型

2. 松式法兰

松式法兰其法兰盘没有与容器或接管连成整体。如图2-2(c)、（d）所示，法兰盘只是松套在凸缘或翻边上，故又称活套法兰。这种法兰受力后不会在壳体或接管中产生附加的弯曲应力，但由于法兰刚度小，承受同样的载荷其厚度比整体式法兰大，所以大多用于压力较低的场合。对于有色金属或合金钢制的设备，采用松式法兰可用碳钢制造法兰盘，节省了贵重金属。

3. 任意式法兰

任意式法兰的整体性介于整体法兰和松式法兰之间。有的接近松式法兰，有的接近整体法兰。如图2-2(e) 所示的螺纹法兰，法兰与接管通过螺纹连接，两者之间既有一定的连接，又不完全形成一个整体，在接管中产生的附加弯曲应力较小，接近于松式法兰，常用于高压管道连接。如图2-2(f) 所示的压力容器法兰应用的是乙型平焊法兰，有一段较厚的短管，且与法兰盘全焊透连接，从而提高了法兰的刚度及壳体对法兰的支撑作用，更接近于整体法兰。

从法兰与垫片的接触面的大小可将法兰分为窄面法兰和宽面法兰。垫片与法兰接触面限于法兰螺栓孔中心圆内侧的称为窄面法兰，垫片与法兰接触面分布在法兰螺栓中心圆的内外两侧的称为宽面法兰。

从使用的角度可将法兰分为压力容器法兰和管法兰。

法兰的形状，除最常见的圆形外，还有方形和椭圆形，如图2-3所示；方形法兰有利于把管子排列整齐紧凑，椭圆形法兰则常用于阀门和小直径的高压管道上。

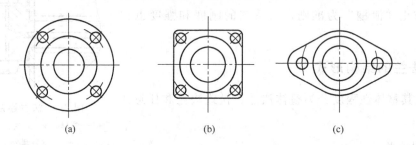

(a)   (b)   (c)

图 2-3 法兰形状

三、法兰连接的密封

1. 密封机理

泄漏是法兰连接的主要失效形式。所以对于法兰连接不仅要确保螺栓、法兰各零件有一定的强度，使之在工作条件下长期使用不被破坏，更重要的是要求在工作条件下，螺栓、法兰整个系统有足够的刚度，控制泄漏量在工艺和环境允许的范围内，即达到"紧密不漏"。一般来说，流体在垫片处的泄漏以"渗透泄漏"和"界面泄漏"两种形式出现。渗透泄漏是流体通过垫片材料的本体毛细管的泄漏，故除了受介质压力、温度、黏度、分子结构等流体状态性能的影响外，主要与垫片的结构和材质有关；而界面泄漏是流体从垫片与法兰接触面泄漏，泄漏量的大小主要与界面间隙尺寸有关，是法兰连接的主要泄漏形式。法兰连接的密封就是在螺栓压紧力的作用下，使垫片产生变形填满法兰密封面（与垫片接触的面）上凹凸不平的间隙，阻止流体沿界面的泄漏，达到密封的目的。

法兰连接的密封过程可分为预紧和工作两个阶段。上紧法兰螺栓，在螺栓压紧力（此力即为螺栓预紧力）作用下，垫片单位面积上产生了一定的压力，当此压力达到某一值时，才能使垫片产生变形，从而填满法兰密封面上凹凸不平的间隙，如图 2-4 所示，这样就为阻止介质泄漏形成了初始密封条件，这时在垫片单位面积上产生的压紧力称为垫片的预紧密封比压，用"y"表示，单位为 MPa；当设备或管道升压后，在介质工作压力作用下使螺栓受到

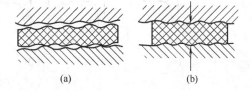

图 2-4　密封面与垫片之间的接触

进一步拉伸，法兰密封面沿着彼此分离的方向移动，密封面与垫片之间的相互压紧力有所下降，下降的数值取决于法兰的刚性及垫片的回弹能力，当垫片与法兰密封面之间的压紧力下降到某一临界值以下时，介质便发生泄漏，通常将这一临界值称为工作密封比压。它是在通入压力介质后，为使介质不泄漏，在法兰密封面与垫片之间所必须保留下来的最低压力，此压力与介质压力的比值称为垫片系数，用"m"表示。不同类型垫片的 y、m 值与垫片的材料、结构、尺寸有关，介质的特性、压力、温度、法兰密封面的形式等也有影响（可查有关垫片的标准）。

综上所述，保证法兰连接密封不漏的条件是：预紧时垫片单位面积上的压力不低于预紧密封比压 y；工作时垫片单位面积上的压力不低于 m 倍的介质压力。

2. 影响密封的主要因素

（1）螺栓预紧力　是影响密封的一个重要因素。预紧力过小，不能将垫片压紧，预紧力过大则会把垫片压坏或挤出从而破坏密封。因此预紧力大小要合适，分布要均匀。

（2）垫片性能　是指垫片变形能力和回弹能力。回弹能力的好坏，是衡量密封性能好坏的重要指标。弹性变形具有回弹能力，是实现密封的首要条件，回弹能力大的，密封性能好。

（3）密封面的形式和表面性能　是影响密封的又一个重要因素。合理选择密封面形式，是实现密封的重要保证；密封面不允许有径向刀痕或划痕，否则将降低泄漏的阻力，介质易于沿径向漏出。

（4）法兰刚度　刚度不足会使法兰产生过大的翘曲变形，导致密封失效。增大法兰刚度的方式较多，如增加法兰厚度、减少螺栓力作用的力臂等都可提高法兰刚度。

（5）操作条件　压力、温度、介质的物理化学性质的综合作用增加了产生泄漏的可能。这也是影响密封的重要因素。在温度和压力共同作用下，密封组合构件各部分温度不同，变形不同，尤其当温度和压力发生反复剧烈变化时，更易产生泄漏。

3. 密封面形式

法兰密封面又称压紧面，其形式与法兰连接的密封性有直接关系。密封面形式的选择既要考虑垫片的形状和材料，也要考虑介质压力的高低和设备的直径，常用的密封面形式有以下几种。

（1）平面形密封面　密封面是一个光滑的平面，有时在平面上车制 2～3 条环形小沟槽，如图 2-5(a)、(b) 所示。这种密封面结构简单、加工方便，但螺栓上紧后，垫片容易被挤

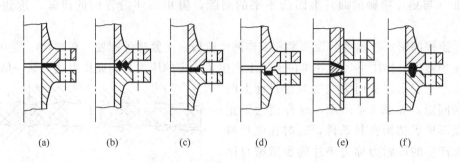

(a)   (b)   (c)   (d)   (e)   (f)

图 2-5　法兰密封面结构

到两边，不易压紧，密封性能较差且密封面较宽，所需螺栓力大，故适用于公称压力 $PN \leqslant$ 2.5MPa，且介质无毒的场合。

（2）凹凸形密封面　一对法兰的密封面一个是凹面，一个是凸面，如图 2-5（c）所示。在凹面上放置垫片，压紧时凹面外侧的挡台阻止垫片向外挤出，且便于对准，密封性比平面形好，但其加工精度要求高，加工量大，适用于公称直径 $DN \leqslant 800\text{mm}$，公称压力 $PN \leqslant$ 6.3MPa 的场合。

（3）榫槽型密封面　一对法兰的密封面一个是榫面，一个是槽面，如图 2-5（d）所示。垫片放在槽内，压紧时垫片不会被挤出，垫片较窄压紧时所需螺栓力较小，垫片受力也较均匀，密封可靠。但其结构复杂、制造不便，垫片更换困难。这种密封面适用于易燃、易爆、有毒介质及压力较高的场合，当公称直径 $DN \leqslant 800\text{mm}$ 时，公称压力可达 20MPa。

（4）锥形密封面　如图 2-5（e）所示，管端车成锥面，使透镜垫片的两个球面与锥形密封面呈"线"接触。密封性能好，锥面与球面易配合，但加工制造困难。常用于高压管道上，最大压力可达 100MPa。

（5）梯形槽密封面　密封面为梯形槽，如图 2-5（f）所示，利用槽的锥面与垫片成线（或窄面）接触密封。密封性能好，耐高温、高压，但加工精度要求较高。因此常用于温度、压力有波动，介质渗透性大的高压容器或管道上。

4. 垫片

垫片与介质直接接触，是法兰连接密封的核心，所以垫片的性能和尺寸对法兰连接密封的效果有很大影响。垫片的选择应考虑工作温度、工作压力、介质的腐蚀性及成本、制造、更换等因素。垫片的材料要求能耐介质腐蚀，不污染被密封的介质，并要有一定的弹性和机械强度，在工作温度下不易变质硬化或软化。

（1）非金属垫片　常用的非金属垫片有橡胶垫、石棉橡胶垫、聚四氟乙烯垫、柔性石墨（亦称膨胀石墨）垫和耐酸石墨垫。普通橡胶垫仅用于低压和温度低于 100℃的水、蒸汽等无腐蚀的介质；合成橡胶（如硅橡胶、氟橡胶）的适用温度可达 220～260℃；石棉橡胶板使用最广，主要用于温度低于 350℃，压力低于 4.0MPa 的水、油、蒸汽的场合；在处理腐蚀性介质时，常用聚四氟乙烯垫和耐酸石棉垫。

（2）金属垫片　当介质的压力、温度较高时一般采用金属垫片，常用的有金属齿形垫、金属平垫、金属环形垫（椭圆垫、八角垫）等，材料有软钢、软铝、铜、不锈钢等。其中金

属环垫适用于 $PN=2.5\sim16MPa$，齿形垫适用于 $PN=6.3\sim16MPa$。

（3）组合式垫片　常用的组合式垫片有缠绕垫、柔性石墨复合垫和金属包垫片。缠绕式垫片由金属薄带（低碳钢或合金钢钢带）与石棉带或聚四氟乙烯带或柔性石墨带相间缠绕而成，具有多道密封作用，且回弹性好，适用较高的温度和压力范围（$t\leqslant500℃$，$PN\leqslant25MPa$），并能在压力、温度波动条件下保持良好的密封，因而被广泛采用；柔性石墨复合垫片由冲齿金属芯板与柔性石墨粒子复合而成，适用的压力和温度介于石棉橡胶板垫与缠绕式垫片之间，是一种新型的垫片；金属包垫片是在石棉或其他非金属材料外包有金属板皮（白铁皮或不锈钢板）而成，适用 $t\leqslant450℃$，$PN\leqslant6.3MPa$ 的场合。

垫片的厚度与宽度取决于垫片材料的性能，垫片越厚、宽度越窄，需要的螺栓力越小，在垫片不被压坏的前提下，应选用较窄的垫片，若密封面的加工质量较好，介质压力不太高时垫片不宜过厚。

四、法兰标准

法兰标准分为压力容器法兰标准和管法兰标准。

1. 压力容器法兰标准（JB/T 47020～47027—2012）

由国家能源局批准的推荐行业标准（其标准为 JB/T 4700～4707—2000，即 2000 年由国家机械工业局、国家石油和化学工业局批准的推荐性行业）——《压力容器法兰》标准（JB/T 47020～47027—2012），这一套标准包括：压力容器法兰分类与技术条件（JB/T 47020—2012）；甲型平焊法兰（JB/T 47021—2012）；乙型平焊法兰（JB/T 47022—2012）；长颈对焊法兰（JB/T 47023—2012）；压力容器用紧固件（JB/T 47027—2012）等八项推荐性行业标准。

（1）结构类型　压力容器法兰从总体上看有三种形式：甲型平焊法兰、乙型平焊法兰和长颈对焊法兰，它们的公称直径（即与法兰配用的容器内径）和公称压力（可以理解为法兰的设计压力）所覆盖的范围列于表 2-1。

甲型平焊法兰就是一个截面基本为矩形的圆环，这个圆环称为法兰盘，它直接与容器的筒体或封头焊接，这种法兰在预紧和工作时都会在容器壁中产生附加的弯曲应力，法兰盘自身的刚度也较小，所以适用于压力等级较低和筒体直径较小的情况。甲型平焊法兰适用温度 −20～300℃，用板材切削加工制造。

乙型平焊法兰与甲型平焊法兰相比是除法兰盘外增加了一个厚度大于筒壁的短节，这既增加了整个法兰的刚度，又使容器避免受弯曲应力，因此适用于较高压力和较大直径的场合。乙型平焊法兰适用温度 −20～350℃，用钢板制造，也可用锻件加工制造。

长颈对焊法兰用根部增厚且与法兰盘为一整体的锥颈取代了乙型平焊法兰中的短节，从而更有效地增大了法兰的整体刚度。由于在颈部与法兰盘之间没有焊缝，消除了可能发生的焊接变形和可能存在的焊接残余应力，而且这种法兰可以用专用型钢制造，降低了法兰的成本。长颈对焊法兰的适用温度 −70～450℃，只允许用专用锻造型钢制造。

上述三种类型的法兰都可有不同的密封面，见表 2-2。制造法兰的材料是碳钢或低合金钢，如果遇到不锈钢容器需要配法兰，从经济方面考虑，只在碳钢或低合金钢法兰盘上焊接一个不锈钢衬环，密封面就在衬环上，并在乙型平焊法兰的短节内表面或长颈法兰颈部内表面加一层不锈钢衬里，这样既起到了防腐的作用又节省费用，具体结构可查阅 JB/T 47021～47023。

表 2-1 压力容器法兰分类及参数表

类型	平焊法兰						对焊法兰		
	甲 型		乙 型				长 颈		
标准号	JB/T 47021		JB/T 47022				JB/T 47023		
简图									

公称直径 DN/mm ＼ 公称压力 PN/MPa	甲 0.25	甲 0.60	甲 1.00	甲 1.60	乙 0.25	乙 0.60	乙 1.00	乙 1.60	乙 2.50	乙 4.00	长 0.60	长 1.00	长 1.60	长 2.50	长 4.00	长 6.40
300	按 PN=1.00															
(350)																
400																
(450)	按 PN 0.6															
500																
(550)																
600																
(650)																
700																
800																
900																
1000																
(1100)																
1200																
(1300)																
1400																
(1500)																
1600																
(1700)																
1800																
(1900)																
2000																
2200					按 PN 0.6											
2400																
2600	—															
2800						—										
3000																

注：表中带括号的公称直径数值应尽量不采用。

表 2-2 压力容器法兰密封面形式

密封面形式 类 型	平面形	凹凸形	榫槽形
甲型平焊	√	√	
乙型平焊	√	√	√
长颈对焊	√	√	√

（2）公称直径、公称压力和垫片 容器法兰的公称直径指的是与其相配的筒体或封头的公称直径。对钢板卷制的圆筒，公称直径就是其内径。公称直径用"DN"表示，单位 mm。

容器法兰的公称压力是指在规定的螺栓材料和垫片的基础上，用 16MnR 材料制造的法兰，在 200℃时所允许的最大工作压力。如公称压力 2.5MPa 的压力容器法兰，就表明用 16MnR 制造的法兰在 200℃时，所能承受的最大工作压力为 2.5MPa。同样是在 200℃，若所选法兰材料比 16MnR 差，则最大允许工作压力低于其公称压力，若所选法兰材料优于 16MnR，则最大允许工作压力就高于其公称压力；同样是用 16MnR 制造的法兰，当使用温度低于 200℃，则最大允许工作压力就高于其公称压力，若使用温度高于 200℃，最大允许工作压力低于其公称压力。公称压力用"PN"表示，单位 MPa。不同类型压力容器法兰公称压力与最大允许工作压力的关系（摘录）见表 2-3、表 2-4。

表 2-3 甲、乙型法兰适用材料及最大允许工作压力（摘录） MPa

公称压力 PN/MPa	法 兰 材 料		工作温度/℃			
			$>-20\sim200$	250	300	350
0.25	板材	Q235-A、B	0.16	0.15	0.14	0.13
		Q235-C	0.18	0.17	0.15	0.14
		20R	0.19	0.17	0.15	0.14
		16MnR	0.25	0.24	0.21	0.20
	锻件	20	0.19	0.17	0.15	0.14
		16Mn	0.26	0.24	0.22	0.21
		20MnMo	0.27	0.27	0.26	0.25
0.60	板材	Q235-A、B	0.40	0.36	0.33	0.30
		Q235-C	0.44	0.40	0.37	0.33
		20R	0.45	0.40	0.36	0.34
		16MnR	0.60	0.57	0.51	0.49
	锻件	20	0.45	0.40	0.36	0.34
		16Mn	0.61	0.59	0.53	0.50
		20MnMo	0.65	0.64	0.63	0.60

表 2-4 长颈法兰适用材料及最大允许工作压力（摘录） MPa

公称压力 PN/MPa	法兰材料 （锻件）	工作温度/℃							
		−70~<−40	−40~−20	>−20~200	250	300	350	400	450
1.60	20			1.16	1.05	0.94	0.88	0.81	0.72
	16Mn			1.60	1.53	1.37	1.30	1.23	0.78
	20MnMo			1.74	1.72	1.68	1.60	1.51	1.33
	15CrMo			1.64	1.56	1.46	1.37	1.30	1.23
	12Cr2Mo1			1.74	1.67	1.60	1.49	1.41	1.33
	16MnD		1.60	1.60	1.53	1.37	1.30		
	09MnNiD	1.60	1.60	1.60	1.60	1.51	1.41		
2.50	20			1.81	1.65	1.46	1.37	1.26	1.13
	16Mn			2.50	2.39	2.15	2.04	1.93	1.22
	20MnMo			2.92	2.86	2.82	2.73	2.58	2.45
	20MnMo			2.67	2.63	2.59	2.50	2.37	2.24
	15CrMo			2.56	2.44	2.28	2.15	2.04	1.93
	12Cr2Mo1			2.67	2.61	2.50	2.50	2.20	2.09
	16Mn		2.50	2.50	2.39	2.15	2.04		
	09MnNiD	2.50	2.50	2.50	2.50	2.37	2.20		

压力容器法兰用垫片有非金属软垫片、缠绕式垫片和金属包垫片三种，具体形式见表 2-5。法兰、垫片、螺柱、螺母的相互匹配见表 2-6。

表 2-5 压力容器法兰密封垫片

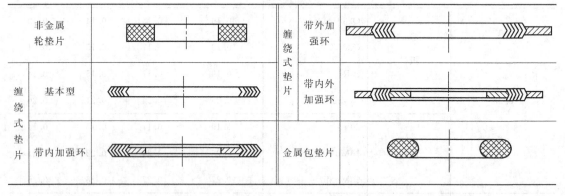

（3）压力容器法兰的选用 在工程应用中，一般都选用标准法兰，这样可以减少压力容器设计计算量，增加法兰互换性，降低成本，提高制造质量。因此合理选用标准法兰非常重要。法兰的选用就是根据容器的设计压力、设计温度、介质特性等由法兰的标准确定法兰的类型、材料、公称直径、公称压力、密封面的形式、垫片的类型、材料及螺栓、螺母的材料等。选用步骤如下：

① 由法兰标准中的公称压力等级和容器设计压力，按设计压力小于或等于公称压力的原则就近选一公称压力；

② 由法兰公称直径、容器设计温度和上面初定的公称压力查表 2-1，并考虑不同类型法兰的适用温度初步确定法兰的类型；

表 2-6 法兰、垫片、螺柱、螺母材料匹配表

匹配 法兰类型	垫片 种类	适用温度范围/℃	法兰材料	螺柱材料	适用温度范围/℃	螺母材料
甲型法兰	非金属软垫片 GB/T 539 耐油石棉橡胶板	>-20~200	板材 GB/T 3274 Q235-A、B、C 板材 GB 6654 20R 16MnR	GB/T 700 Q235-A	>-20~300	Q235-A
	GB/T 398 石棉橡胶板	>-20~350		GB/T 699 35	>-20~300	Q235-A
					>-20~350	GB/T 699 25
乙型法兰与长颈对焊法兰	非金属软垫片 GB/T 539 耐油石棉橡胶板	>-20~200	板材 GB/T 3274 Q235-A、B、C GB 6654 20R	35	>-20~300	Q235-A
	GB/T 398 石棉橡胶板	>-20~350	20R 16MnR 锻件 JB 4726 20 16Mn		>-20~300	25
				GB/T 3077 40MnB 40Cr 40MnVB	>-20~400	35 45 40Mn
	缠绕垫片 石棉或石墨填充带	-70~450	板材 GB 6654 20R 16MnR	40MnB 40Cr 40MnVB		
			锻件 JB 4726 20 16Mn 15CrMo		>-20~400	45 40Mn
	聚四氟乙烯填充带	-70~260	锻件 JB 4726 16MnD 09MnNiD	GB/T 3077 35CrMoA	>-70~450	GB/T 3077 30CrMoA 35CrMoA
	金属包覆垫片 钢、铝包覆材料	-70~400	锻件 JB 4726 12Cr2Mo1	40MnVB	>-20~400	35、45 40Mn
				35CrMoA	>-20~400	45、40Mn
				35CrMoA	>-70~450	30CrMoA 35CrMoA
				GB/T 3077 25Cr2MoVA	>-20~400	35CrMoA 25Cr2MoVA
	低碳钢、不锈钢包覆材料	-70~450	锻件 JB 4726 20MnMo	25Cr2MoVA	>-20~450	30CrMoA 25Cr2MoVA
				35CrMoA	>-70~450	30CrMoA

③ 由工作介质特性查表 2-2 确定密封面形式；

④ 由介质特性、设计温度，参照表 2-3 或表 2-4 确定法兰的材料；

⑤ 由法兰类型、材料、工作温度和初定的公称压力查表 2-3 或表 2-4 得其允许的最大工作压力；

⑥ 若所得最大允许工作压力大于或等于设计压力，则原初定的公称压力就是所选法兰的公称压力；若最大允许工作压力小于设计压力则调换优质材料或提高公称压力等级，使得最大允许工作压力大于或等于设计压力，从而最后确定出法兰的公称压力和类型；

⑦ 由法兰类型及工作温度查表 2-6，确定垫片、螺柱、螺母的材料；

⑧ 由法兰类型、公称直径、公称压力查阅 JB/T 47021～47023—2012，确定法兰的具体尺寸。

法兰选定后应予以标记，其中法兰类型代号及密封面形式代号应符合表 2-7、表 2-8 的规定，标记方法如下：

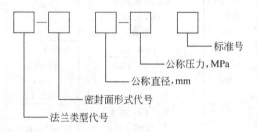

表 2-7　法兰类型代号

法兰类型	名称代号
一般法兰	法兰
衬环法兰	法兰 C

表 2-8　法兰密封面形式代号

密封面形式	平面	凹面	凸面	榫面	槽面
代号	RF	FM	M	T	G

如公称压力 2.5MPa，公称直径 600mm 的衬环榫槽型密封面乙型平焊法兰中的槽面法兰，标记为：

法兰 C—G 600—2.5　JB/T 47022—2012

2. 管法兰标准

GB/T 9112～9124—2010《钢制管法兰》系列国家标准是根据国家标准化管理委员会批准发布，2011 年 10 月 1 日正式实施。原化工部发布了行业标准 HG 20592～20635—2009《钢制法兰、垫片、紧固件》，目前化工行业基本上都用此标准。

在 HG 20592—2009 标准中管法兰包括法兰盖共有十种类型，五种密封面，见图 2-6、图 2-7。标准管法兰的选用可查阅有关标准并参照压力容器法兰的选用过程进行确定。

【例 2-1】　某精馏塔，内径 800mm，设计温度 285℃，设计压力 0.22MPa，介质易燃易爆。试为塔体与封头的连接选配法兰（塔体材料 20R，接管材料 10 钢）。

解：

① 由容器设计压力 $p=0.22$MPa，就近选用法兰公称压力为 0.25MPa，但考虑到设计温度较高（已超过 200℃），故提高一个等级，暂定法兰公称压力 $PN=0.6$MPa；

② 压力容器法兰公称直径就是容器的公称直径，容器公称直径就是其内径，即法兰的公称直径 $DN=800$mm；由 $PN=0.6$MPa，$t=285$℃ 查表 2-1 得法兰类型为甲型平焊；

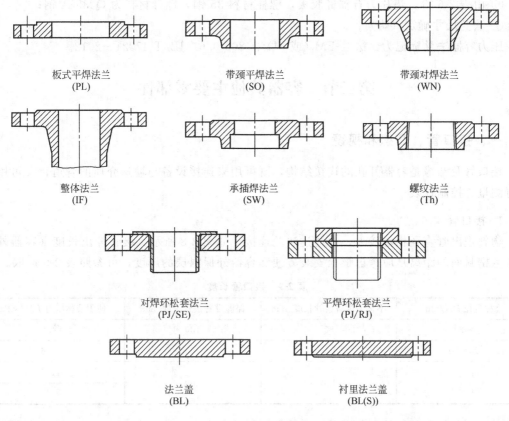

图 2-6 管法兰类型

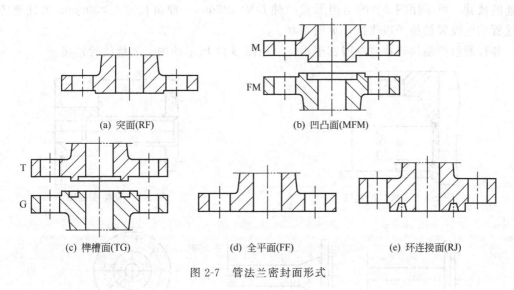

图 2-7 管法兰密封面形式

③ 由于工作介质易燃易爆，故宜选用凹凸形密封面；

④ 查表 2-3，并根据容器所用材料确定法兰材料也为 20R，进而得 285℃下最大允许工作压力为 0.372MPa；

⑤ 由于 0.372MPa＞0.22MPa，即法兰的最大允许工作压力大于设计压力，所以确定为公称直径 $DN=800\text{mm}$，公称压力 $PN=0.6\text{MPa}$，材料 20R 的甲型平焊法兰；

⑥ 由表 2-6 得，垫片为石棉橡胶板，螺柱材料 35 钢，螺母材料为 Q235-A 钢；

⑦ 法兰尺寸确定（略）。

压力容器法兰标记为：法兰-FM（或 M）　800-0.6　JB/T 47021—2012。

第二节　容器其他主要零部件

一、接口管、凸缘和视镜

接口管及凸缘是容器开孔的连接结构，既可用来连接设备与输送介质的管道，又可用来装置测量、控制仪表。

1. 接口管

物料进出管直径相对较大，都通过法兰连接，如图 2-8 所示，接管伸出长度（容器外壁至法兰密封面的距离）应考虑螺栓安装方便和容器外保温层的厚度，可参照表 2-9 选取。

表 2-9　接口管长度

公称直径 DN/mm	不保温设备接管长度/mm	保温设备接管长度/mm	使用公称压力 PN/MPa
≤20	80	130	≤4.0
20～50	100	150	≤1.6
70～350	150	200	≤1.6
70～500			≤1.0

对于一些较细的接管，如果伸出长度较长，则应考虑加固。如 $DN \leqslant 40\text{mm}$ 与容器壳体相连的接管，可采用图 2-9 的结构形式；对 $DN \leqslant 25\text{mm}$，伸出长度 $l \geqslant 300\text{mm}$ 的任意方向的接管均应设置筋板予以支撑，见图 2-10。

各种测量控制仪表接管一般都很小，可用图 2-11 所示的内、外螺纹管连接。

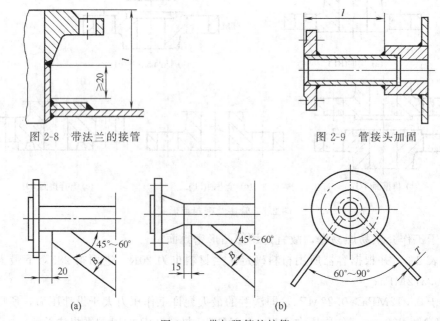

图 2-8　带法兰的接管　　　　　　　图 2-9　管接头加固

(a)　　　　　　　　　　(b)

图 2-10　带加强筋的接管

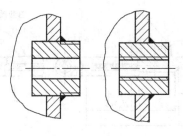

图 2-11 螺纹接管

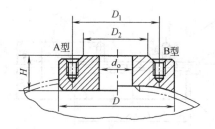

图 2-12 带平面密封面的凸缘

2. 凸缘

当接口管长度必须很短时，可用凸缘（或叫突出接口）来代替，如图 2-12 所示。凸缘本身具有补强的作用，不需另行补强。但螺栓折断在螺栓孔内，取出较为困难。

3. 视镜

视镜除了用于观察设备内部介质工作情况外，也可用作物料液面指示镜。最常用的圆形视镜有两种结构，即不带颈视镜和带颈视镜，如图 2-13 所示。

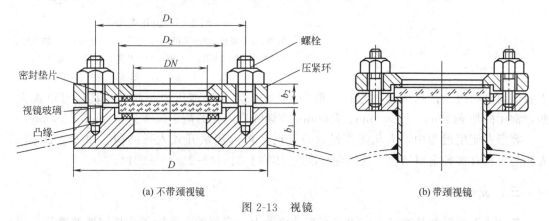

(a) 不带颈视镜　　　　　　　　　　　　　　(b) 带颈视镜

图 2-13 视镜

不带颈视镜结构简单，不易结料，视野范围大，其标准结构的使用压力可达 2.5MPa。

带颈视镜用于设备直径较小或视镜需要倾斜安装的场合，但不适于悬浮液介质。

压力容器视镜现已有标准（NB/T 47017—2011 国家能源局标准）。使用压力范围 $PN=1\sim2.5$MPa，允许介质温度为 $0\sim200$℃，公称直径范围为 $DN50\sim150$mm。视镜玻璃材质为碳化硼硅玻璃，其耐热急变温度为 180℃。标准视镜用钢材有碳钢和不锈钢两种。

二、人孔和手孔

为了安装、检修、防腐、清洗的需要，常在设备上开设人孔、手孔。

手孔的结构通常是在突出接口或短接管上加一盲板而构成，如图 2-14 所示，这种结构用于常、低压及不需经常打开的场合。需要经常打开的手孔，应设置快速压紧装置。

手孔的直径应使工人戴手套并握有工具的手能顺利通过，故其直径不宜小于 $\phi150$mm，一般为 $\phi150$mm、$\phi250$mm。

当设备直径在 $\phi900$mm 以上时，应开设人孔。以便在检修设备时人能进入容器内部，及时发现容器内表面的腐蚀、磨损或裂缝等缺陷。人孔通常有圆形和椭圆形两种，圆形人孔制造较为方便，椭圆形人孔对器壁的削弱较少，但制造较困难，在制造时应尽量使其短轴平行

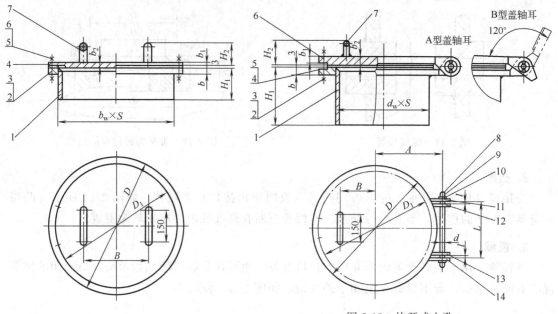

图 2-14　常压人孔

1—筒节；2—法兰；3—垫片；4—法兰盖；
5—螺栓；6—螺母；7—把手

图 2-15　快开式人孔

1—筒节；2—螺栓；3—螺母；4—法兰；5—垫片；6—法兰盖；
7—把手；8—轴销；9—销；10—垫圈；11,14—盖轴耳；
12,13—法兰轴耳

于容器筒身轴线。圆形人孔的直径一般为 $\phi 400mm$，当容器压力不高时，直径可以选大一些，常用的是 $\phi 450mm$、$\phi 500mm$、$\phi 600mm$。椭圆形人孔的最小尺寸为 $400mm \times 300mm$。

容器在使用过程中，人孔需要经常打开时，可选用快开式人孔结构。如图 2-15 所示。人孔与手孔有多种定型结构，其行业标准为 HG/T 21514～21535—2014。

三、支座

各种化工容器都是通过支座固定在某一位置上。容器的支座除了承托容器的重量，固定容器位置外，在某些场合下，支座还要承受操作时的振动、风载荷、地震载荷、管道推力等外力。

尽管容器的结构和形状各不一样，但支座形式主要有立式容器支座、卧式容器支座和球形容器支座三种。

立式容器的支座通常分为耳式（悬挂式）、支腿式、支承式和裙式支座四种（见图 2-16）。一般中小型直立设备采用耳式、支腿式或支承式支座，高大的直立设备则采用裙式支座。

卧式容器支座分为鞍式支座、圈式支座和支腿式支座三种（见图 2-17）。一般小型卧式设备采用支腿式支座，因自身重量可能造成严重挠曲的大直径薄壁容器可采用圈式支座。

球形容器支座分为柱式、裙式、半埋式和高架式支座四种形式（见图 2-18），目前大多采用柱式（又称赤道正切柱）支座和裙式支座。

支座形式是根据容器的重量、结构、承受载荷以及操作和维修等要求来选用的。目前，容器的标准支座有：鞍式支座（JB/T 47121—2007）、腿式支座（JB/T 47122—2007）、支承式支座（JB/T 47124—2007）和耳式支座（JB/T 47123—2007）等几种。下边介绍几种典型的支座。

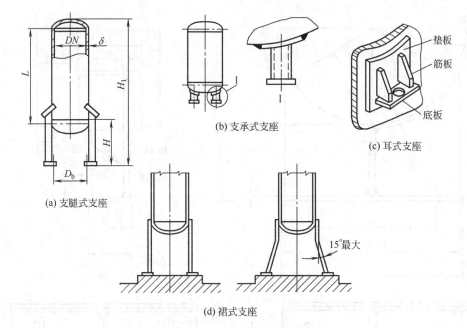

图 2-16　立式容器支座

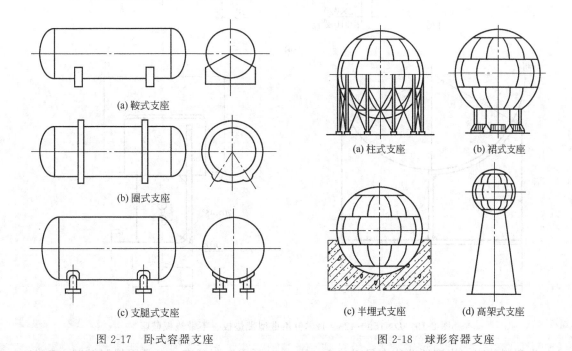

图 2-17　卧式容器支座　　　　　　　图 2-18　球形容器支座

1. 鞍式支座（JB/T 47121—2007）

鞍式支座为卧式容器特别是大型卧式容器广泛应用的支座形式。JB/T 4712—92 鞍式支座适用于双支点支承的钢制卧式容器，多支点支承的卧式容器鞍式支座亦可参照使用。鞍式支座适用的容器公称直径为 $DN159\sim4000$mm。

鞍座有焊制和弯制两种。焊制鞍座由底板、腹板、筋板、垫板组焊而成。弯制鞍座与焊制鞍座的区别是其腹板与底板是由同一块钢板弯制而成。图 2-19（a）为焊制鞍座，图 2-19

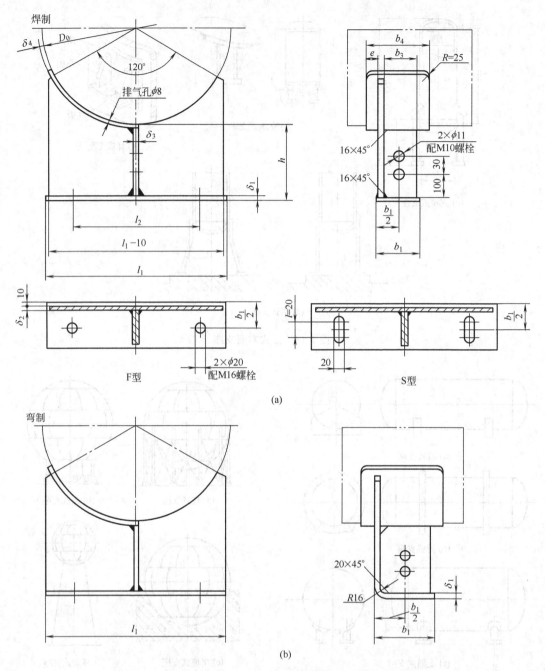

图 2-19　$DN159 \sim 426$、$120°$包角重型带垫板、不带垫板鞍座

（b）为弯制鞍座。当容器公称直径 $DN \leqslant 900$mm 时可用弯制鞍座，也可用焊制鞍座；$DN >$ 900mm 以上的则采用焊制鞍座。

　　同一直径的容器由于长度和重量不同，所以同直径的鞍座按其允许承受的最大载荷有轻型（代号为 A）和重型（代号为 B）之分，重型鞍座结构尺寸比轻型的大，重型鞍座按包角、制作方式及附带垫板情况又分为五种形式；对 $DN \leqslant 900$mm 的鞍座，由于直径较小，轻重型差别不大，故只有重型没有轻型。鞍座一般都带垫板，$DN \leqslant 900$mm 的鞍座也可不带垫板。

　　为了保证容器在壁温变化时能沿轴线自由伸缩，鞍座有固定式（代号为 F）和滑动式

（代号为 S）两种；固定式鞍座底板上的螺栓孔是圆形的，滑动式鞍座底板上的螺栓孔是长圆形的，双鞍座支承的卧式容器必须是固定式鞍座和滑动式鞍座搭配使用，见图 2-20。各种形式鞍座的结构特征及适用的公称直径见表 2-10。

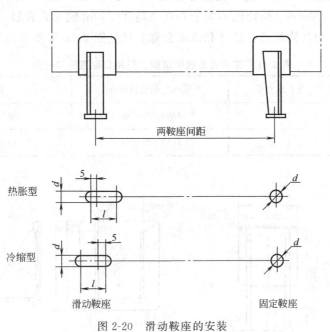

图 2-20　滑动鞍座的安装

表 2-10　鞍式支座的结构形式

结　构　形　式		适用直径 DN/mm	结　构　特　征
轻型 A		1000～2000	120°包角、焊制、四筋、带垫板
		2100～4000	120°包角、焊制、六筋、带垫板
重型	BⅠ	159～426	120°包角、焊制、单筋、带垫板
		300～450	
		500～900	120°包角、焊制、双筋、带垫板
		1000～2000	120°包角、焊制、四筋、带垫板
		2100～4000	120°包角、焊制、六筋、带垫板
	BⅡ	1500～2000	150°包角、焊制、四筋、带垫板
		2100～4000	150°包角、焊制、六筋、带垫板
	BⅢ	159～426	120°包角、焊制、单筋、不带垫板
		300～450	
		500～900	120°包角、焊制、双筋、不带垫板
	BⅣ	159～426	120°包角、弯制、单筋、带垫板
		300～450	
		500～900	120°包角、弯制、双筋、带垫板
	BⅤ	159～426	120°包角、弯制、单筋、不带垫板
		300～450	
		500～900	120°包角、弯制、双筋、不带垫板

2. 支承式支座（JB/T 47124—2007）

高度不大、离基础又较低的立式容器可采用支承式支座。支承式支座是由一块底板，两三块筋板（或一段圆管）和一块垫板组焊而成。JB/T 47124—2007 支承式支座适用于公称直径 $DN=800\sim4000$mm、高径比不大于 5 且总高度≤10m 的立式容器，支座直接焊在容器底部。支承式支座的结构形式、特征和适用公称直径见图 2-21 和表 2-11。

表 2-11　支承式支座的结构、适用公称直径和特征

形　式	支　座　号	适用公称直径/mm	结构特征
A	1～6	$DN800\sim3000$	钢板焊制、带垫板
B	1～8	$DN800\sim4000$	钢管制作、带垫板

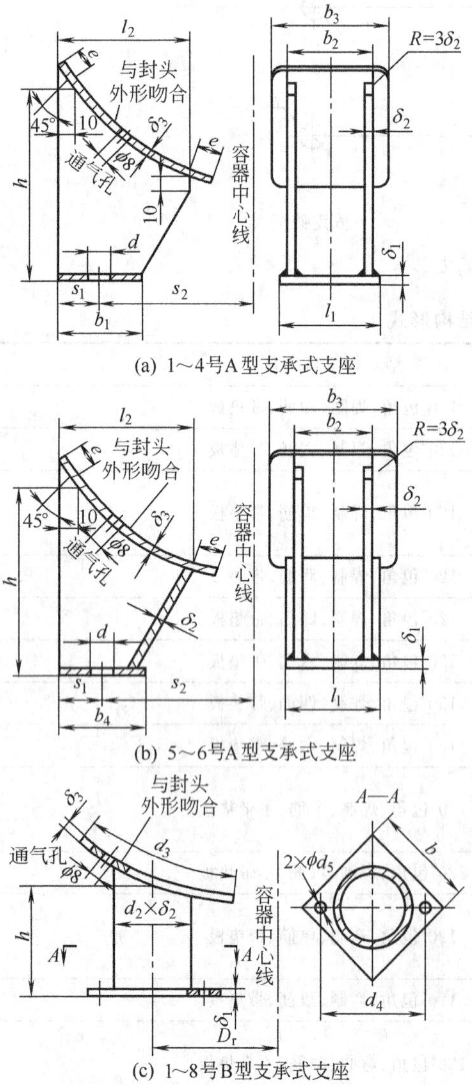

与封头外形吻合
通气孔
容器中心线
(a) 1～4号A型支承式支座
(b) 5～6号A型支承式支座
A—A
(c) 1～8号B型支承式支座

图 2-21　支承式支座的结构形式

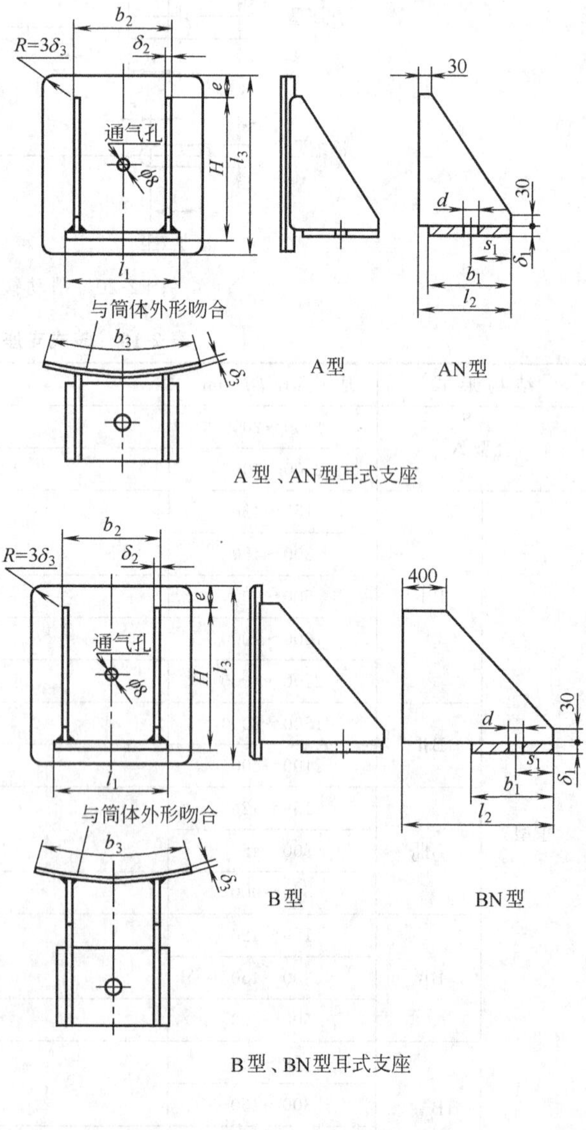

通气孔
与筒体外形吻合
A型
AN型
A型、AN型耳式支座
B型
BN型
B型、BN型耳式支座

图 2-22　耳式支座的结构形式

3. 耳式支座 (JB/T 47123—2007)

耳式支座与支承式支座类似，也是由底板、筋板、垫板组焊而成，是立式设备特别是中小型设备（高径比小于 5 且总高度不超过 10m）应用最广的一种支座。支座直接焊在容器外壁上，底板、筋板及垫板之间连接采用双面连续填角焊，支座垫板与容器壳体间采用连续焊，焊脚高度等于 0.7 倍的较薄板的厚度且不小于 4mm。

JB/T 47123—2007 耳式支座的形式、结构、特征和适用公称直径见图 2-22、表 2-12。

表 2-12 耳式支座结构、适用公称直径和特征

形　式	支　座　号	适用公称直径/mm	结　构　特　征
A	1~8		短臂、带垫板
AN	1~3	DN300~4000	短臂、不带垫板
B	1~8		长臂、带垫板
BN	1~3		长臂、不带垫板

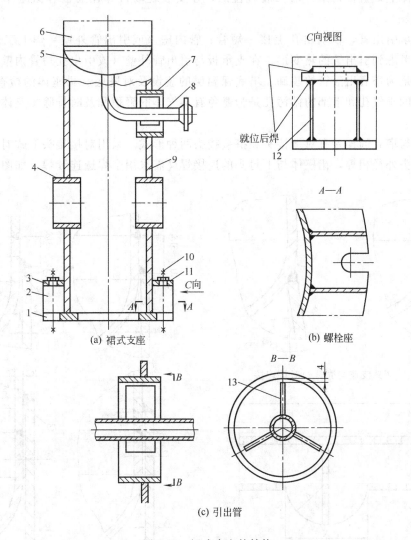

(a) 裙式支座　　(b) 螺栓座

(c) 引出管

图 2-23 裙式支座的结构

1—基础环；2—地脚螺栓座；3—盖板；4—检查孔；5—封头；6—塔体；7—引出孔；
8—引出管；9—裙座体；10—地脚螺栓；11—垫板；12—筋板；13—支承板

4. 裙式支座

裙式支座是高大塔设备最常使用的一种支座，有圆筒形和圆锥形（裙座体为圆锥形、半锥角不超过15°）两种。圆筒形裙式支座结构简单、制造方便，被广泛采用，但对承载较大的塔，需要配置较多的地脚螺栓和承载面积较大的基础环时，则需采用圆锥形裙式支座。

裙式支座由裙座体、引出孔、检查孔、基础环及螺栓座（筋板、盖板、垫板、地脚螺栓）等组成。

裙座体上端与下封头或下部筒体焊接，下端用填角焊缝焊在基础环上。基础环的作用是将裙座体上的载荷传给基础，同时在它上面安装地脚螺栓座，以便将塔固定在基础上，因地脚螺栓是在塔安装前就固定好位置的，为安装方便，基础环上的地脚螺栓孔是敞口的（图2-23中的$A—A$视图）；螺栓座是由两块筋板、一块盖板组成，筋板在制造裙式支座时焊在基础和裙座体上，盖板则是待塔吊装就位后，在安装现场再焊在筋板和裙座体上（图2-23中的C向视图）。

为了支承引出管，在引出孔上接一短管、管内壁（或引出管外壁）焊上三个互为120°的支承板，考虑到引出管的热变形、在支承板与引出管外壁（或引出孔短管内壁）间留有间隙。检查孔是为塔底出液管的装卸、塔底保温层的装设及对塔底、裙座体的检查而设置的；裙座体上部的排气孔和下部的排污孔是为避免有毒气体的聚积和及时排除裙座体内的污液而设置的。

裙座体与塔壳的连接有对接接头和搭接接头两种形式。采用对接接头形式时，裙座体的外径与下封头外径相等，裙座体与下封头的连接焊缝需采用全焊透连续焊，如图2-24所示；

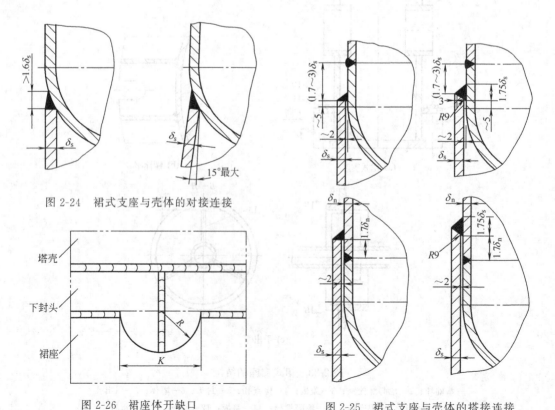

图 2-24　裙式支座与壳体的对接连接

图 2-26　裙座体开缺口

图 2-25　裙式支座与壳体的搭接连接

这种连接结构，焊缝承受压缩载荷，封头局部受载。采用搭接接头形式时，搭接部位可在下封头直边上，也可在筒体上，裙座体内径稍大于（2mm左右）塔体外径，其结构及要求见图2-25；这种连接结构，焊缝受剪切载荷，所以焊缝受力不佳，一般用于直径小于1000mm的塔设备。

当塔体下封头有拼接焊缝时，为避免封头与裙座体焊接时出现十字焊缝，应在拼接焊缝处裙座体上端开一缺口，缺口的形式见图2-26。

第三节 容器的开孔补强

一、容器开孔附近的应力集中

由于工艺操作和安装检修的需要，在压力容器上开孔是不可避免的。如工艺操作所需的物料进出口，安装安全泄放装置、压力表、液面计、视镜的开孔，为了容器内部安装检修的方便所开的人孔、手孔等。

容器开孔后，一方面由于承载面积减小使总体强度削弱，另一方面由于开孔使结构的连续性被破坏，在开孔边缘处产生较大的附加应力（通常是平均应力的3~6倍），结果使开孔附近的局部区域应力达到很大的数值。这种局部应力的增大现象称为应力集中。开孔接管处较大的局部应力，加上作用于接管上的各种载荷产生的应力、温度差造成的温差应力、容器材质和焊接缺陷等因素的综合作用，开孔接管处往往会成为容器的破坏源。特别是在有交变应力和腐蚀的情况下，金属出现反复的塑性变形，导致材料硬化并产生微小的裂纹，这些微小裂纹又在交变应力和腐蚀介质反复作用下不断扩展，最终导致容器在此处出现破裂，即产生疲劳破坏。据统计失效容器中，破坏源起始于开孔接管处的占了很大的比例，因此对容器开孔应予以足够的重视。为了降低开孔边缘处的应力集中程度，必须采取适当的补强措施。

二、对容器开孔的限制及补强结构

1. 对容器开孔的限制

由前面的分析可知，在容器上开孔时孔边会产生较大的应力集中，应力集中的程度取决于开孔的大小、被开孔容器的壁厚、直径等因素。若开孔很小并有接管，这时接管也可以使强度的削弱得以补偿，但若开孔过大、特别是薄壁壳体，应力集中很严重，补强则较为困难。所以 GB 150 对开孔的适用范围作了如下规定。

① 当圆筒内径 $D_i \leqslant 1500$mm 时，开孔最大直径 $d \leqslant \frac{1}{2}D_i$，且 $d \leqslant 520$mm；当圆筒内径 $D_i > 1500$mm 时，开孔最大孔径 $d \leqslant \frac{1}{3}D_i$，且 $d \leqslant 1000$mm。

② 凸形封头或球壳上开孔时，其开孔的最大孔径 $d \leqslant \frac{1}{2}D_i$。

③ 锥壳上开孔时，其开孔最大直径 $d \leqslant \frac{1}{3}D_i$，$D_i$ 为开孔中心处的锥壳内直径。

④ 在椭圆形或碟形封头的过渡区开孔时，其孔的中心线宜垂直封头表面。

⑤ 壳体开孔满足下述全部要求时，可不另行补强：

a. 设计压力小于等于 2.5MPa；

b. 两相邻开孔中心的间距（对曲面间距以弧长计算）应不小于两孔直径之和的两倍；

c. 接管外径小于等于89mm；

d. 接管最小壁厚满足表2-13的要求。

表 2-13　开孔接管的最小壁厚　　　　　　　　　　　　mm

接管外径	25	32	38	45	48	57	65	76	89
最小壁厚		3.5			4.0		5.0		6.0

2. 补强方法及结构

（1）补强方法　补强方法有两种，即局部补强和整体补强。

① 局部补强，就是在开孔处的一定范围内增加筒壁的厚度，以降低开孔处的峰值应力，使该处达到局部增强的目的，这是一种较经济合理的补强形式。

② 整体补强，就是用增加整个筒壁或封头壁厚的办法来降低峰值应力，使之达到工程上许可的程度。这种补强形式一般不用，只有当筒身上开设排孔，或封头上开孔较多时，才采用整体补强法。

（2）补强结构　常用的补强结构有补强圈补强、厚壁接管补强及整锻件补强，如图2-27所示。

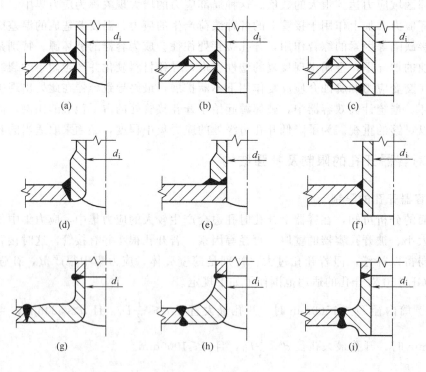

图 2-27　补强结构

① 补强圈补强。又称贴板补强，如图 2-27(a)、(b)、(c) 所示，即在开孔周围贴焊一个圆环板（补强圈），使局部壁厚增加，减轻应力集中，起到补强的作用。补强圈与壳体之间应很好地贴合，使其与容器同时受力，当直径较大的开孔需要较厚的补强圈时，可在壳体内、外侧分别焊上一个较薄的补强圈，如图2-27(c)所示，实践证明这种对称布置的结构比单面布置优越，应力集中程度可降低40％左右，但从耐腐蚀和制造角度考虑，补强圈经常

布置在壳壁外侧。为检验焊缝的紧密性，在补强圈上开有 M10 的检查孔（见图 2-28），从检查孔里通入压缩空气，并在补强圈与器壁的焊缝处涂上肥皂水，即可查出焊缝缺陷。

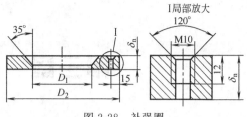

图 2-28　补强圈

补强圈补强结构简单、制造容易、价格低廉、使用经验成熟，在中低压容器上得到广泛的使用。但与厚壁接管补强和整锻件补强相比，由于补强区域过于分散，补强效果不佳（由于补强圈是在一定区域内平均补强，故在应力集中较大的孔边显得不足，离开孔边较远处则显得多余，没有使补强金属集中在最需要补强的部位）；补强圈与壳壁之间不可避免地存在一层静止的空气间隙，对传热不利，容易引起附加的温差应力；补强圈与壳体焊接，形成内、外两圈封闭焊缝，增大了焊件的刚性，不利于焊缝冷却时的收缩，容易在焊接接头处造成裂纹，特别是对焊接裂纹较敏感的高强度钢则更为突出。所以补强圈结构通常只用在压力无波动、温度不高的容器上。

② 厚壁接管补强。厚壁接管补强如图 2-27(d)、(e)、(f) 所示，在开孔处焊上一段厚壁管。这种结构由于接管的加厚部分正处于应力峰值处，故能有效地降低开孔周围的应力集中程度，如果条件许可采用图 2-27(f) 的插入式接管则补强效果更佳。

厚壁接管补强结构简单，焊缝少，接头质量容易检验，补强效果较好，目前已被广泛采用，特别是对大量使用的高强度低合金钢容器，大多采用这种结构。GB 150 中也推荐在条件许可时，可代替补强圈补强。当用于重要设备时，焊缝应采用全焊透结构，在确保焊接质量的前提下，这种形式的补强效果接近于整锻件补强。

③ 整锻件补强。整锻件补强常在容器所用钢材屈服极限较高（一般认为 $\sigma_s \geqslant 490\text{MPa}$）、容器受低温、高温、交变载荷的较大直径开孔情况下采用。如图 2-27(g)、(h)、(i) 所示，其优点是补强金属集中在应力集中最严重的孔边；采用对焊并使接头离开应力峰值区，故抗疲劳性能好。若采用图 2-27(h) 的结构，加大过渡圆半径，补强效果更好。但由于整锻件补强机械加工量大，且锻件成本高，因此只用于有严格要求的重要设备上。

在工程设计中采取什么样的补强形式，不仅要从强度方面考虑，还要从工艺要求、加工制造、施工条件等方面综合考虑，只有这样才能做到合理有效地补强。

思　考　题

1. 法兰有哪几种结构形式？
2. 法兰密封面有几种？各有何优缺点？各种密封面适用于何种情况？
3. 法兰垫片有哪几种？它们都适合于什么条件下使用？
4. 压力容器法兰和管法兰各有几种结构形式？
5. 试简述标准压力容器法兰的选用步骤。
6. 接口管和凸缘的作用是什么？
7. 容器支座有哪几种类型？
8. 试简述鞍座的结构形式及特点。
9. 试述裙式支座的结构组成？
10. 容器开孔为什么要补强？有哪几种补强方法？
11. 容器开孔是否都需要补强？为什么？容器的接口管和凸缘对开孔能否起补强作用？

第三章　高压容器

第一节　概　述

随着化学工业的迅速发展，高压技术得到了越来越广泛的应用。如尿素合成塔、甲醇合成塔、石油加氢裂化反应器等压力一般在 15～30MPa 之间，高压聚乙烯反应器的压力在 200MPa 左右。同时，高压技术也大量用于其他领域，如水压机的蓄压器、压缩机的汽缸、核反应堆及深海探测等。

高压操作可提高反应速度，改进热量的回收，并能缩小设备体积等，随着化学工业的迅速发展，高压工艺过程获得了越来越广泛的应用。因此，了解高压容器的结构原理、使用特点以及零部件的结构非常重要。

一、高压容器的总体结构和特点

高压容器也是由筒体、筒体端部、平盖或封头、密封结构以及一些附件组成，如图 3-1 所示，但因其工作压力较高，一旦发生事故危害极大，因此，高压容器的强度及密封等就显得特别重要。

高压容器在结构方面有如下特点。

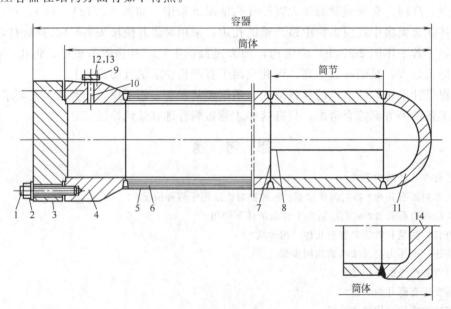

图 3-1　高压容器总体结构

1—主螺栓；2—主螺母；3—平盖（顶盖或底盖）；4—筒体端部（筒体顶部或筒体底部）；

5—内筒；6—层板层（或扁平钢带层）；7—环焊接接头；8—纵焊接接头；9—管法兰；

10—孔口；11—球形封头；12—管道螺栓；13—管道螺母；14—平封头

① 高压容器多为轴对称结构。一般都用圆筒形容器，直径不宜太大。

② 高压容器筒体的结构复杂。由于受加工条件、钢板资源等的限制，从改善受力状况、充分利用材料和避免深厚焊缝等方面考虑，大多采用较复杂的结构形式，如多层包扎式、多层热套式、绕板式、绕带式等。高压容器的端盖通常采用平端盖或半球形端盖。

③ 高压容器的开孔受限制。厚壁容器由于筒壁的应力高，工艺性或其他必要的开孔尽可能开在端盖上，一般不用法兰接管或突出接口，而是用平座或凹座钻孔，用螺塞密封并连接工艺接管，尽量减小孔径，如图 3-1 所示。

④ 高压容器密封结构较特殊。密封结构比较复杂，密封面加工的要求比较高。一般设计成一端不可拆的，另一端是可拆的。内件一般是组装件，称为芯子，安装检修时整体吊装入容器壳体内。

二、高压容器筒体的主要结构形式

高压容器筒体的结构形式可分为整体式和组合式两种。

1. 整体式

（1）单层卷焊式　用厚钢板在大型卷板机上卷制成圆筒后再焊接组装成筒体，其特点是结构简单，制造容易，成本低，生产效率高，生产周期短。但厚钢板综合力学性能不如薄钢板好。不易卷制直径较小设备。

（2）整体锻造式　此类容器是在万吨水压机上对钢锭进行锻制而成。如图 3-2 所示。其特点是结构简单，整体质量较好，经锻压后，材料性质均匀，机械强度高，缺点是生产过程需要庞大的冶炼、锻造及热处理设备，生产周期长，金属切削量大，材料利用率低，制造成本高，设备尺寸受限制。

（3）锻焊式　其结构是在整体锻造式圆筒的基础上发展起来的。根据筒体长度，先锻造若干个筒节，然后通过深环焊缝将各个筒节连接起来，再经整体热处理消除焊接残余应力和改善焊接部位的金相组织，与整体锻造式圆筒相比，可获得较长设备，所需制造设备也较小。如图 3-3 所示。

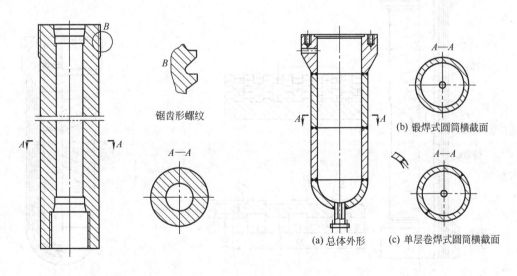

锯齿形螺纹

(b) 锻焊式圆筒横截面

(a) 总体外形　(c) 单层卷焊式圆筒横截面

图 3-2　整体锻造式　　　　　　　图 3-3　锻焊式

2. 组合式（见图3-4）

（1）多层包扎式　先将厚为4～34mm的钢板卷焊成筒节内筒，然后将4～12mm厚的薄钢板卷成圆弧形瓦片，再将瓦片逐层包扎到内筒外面直至所需要的厚度，构成筒节，在筒节的层板上开有泄漏孔，然后再通过深环焊缝将筒节连接起来。

（2）多层热套式　先将厚度为25～80mm的中厚钢板卷焊成几个直径不同但可过盈配合的筒节，然后将外层筒节加热，再套入内层筒节，套合好的厚壁筒节通过深环焊缝连成筒体。

（3）绕丝式　绕丝式筒体主要由内筒、钢丝层和法兰组成。内筒一般为单层整锻式筒体。高强度钢丝以一定的预拉应力逐层沿环向缠绕在内筒上，直至所需的厚度。如图3-5所示。

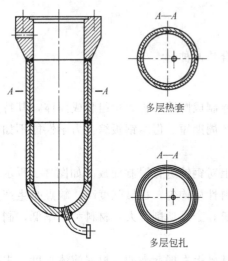

图 3-4　多层式

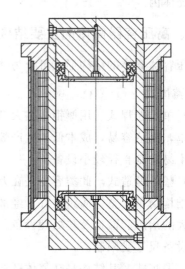

图 3-5　绕丝式

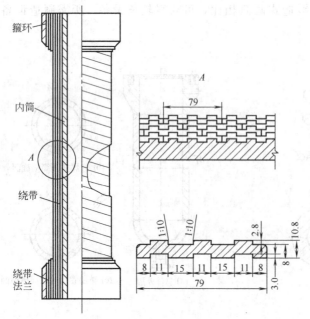

图 3-6　型槽钢带断面形状

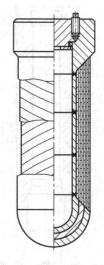

图 3-7　扁平钢带绕制式

（4）型槽钢带绕制　型槽钢带的上下表面分别有三个凸肩和三个凹槽。内筒的外表面先车出与型槽钢带形状相吻合的螺旋槽，然后在专用机床单向缠绕经电加热的钢带。如图 3-6 所示。

（5）扁平钢带绕制式　在厚度不小于 1/6 总壁厚的薄内筒外面，以相对于容器环向 15°～30° 的倾角错绕宽为 80～160mm、厚为 4～8mm 的热扎扁平钢带，直至所需的厚度。钢带和端部法兰、底封头之间通过斜面焊接相连。如图 3-7 所示。

第二节　高压容器的零部件

厚壁容器的零部件是构成高压容器整体结构的重要组成部分，包括筒体端盖、筒体端部、连接件及开孔补强。

一、高压容器的筒体端盖

使用较广泛的有平盖和半球形端盖两种形式，较小型高压容器目前多采用半球形端盖，而对于大直径厚壁容器，因直径大、厚度大的球型端盖冲压制作困难，仍多采用平端盖。

按照平端盖与筒体连接结构不同，一般分为不可拆与可拆两种连接平盖。

不可拆连接平盖有两种结构，如图 3-8 所示。这种平盖由于边缘应力的影响，通常采用

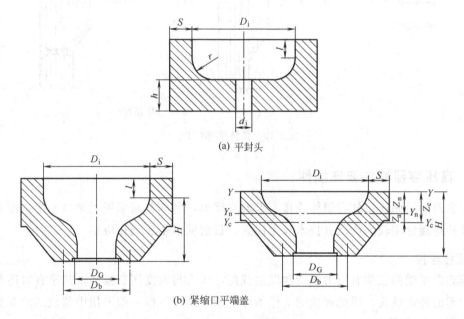

(a) 平封头

(b) 紧缩口平端盖

图 3-8　不可拆连接平盖

减小内径或增大外径的办法来加强筒体端部。

可拆连接平盖如图 3-9 所示。

球形端盖与薄壁容器的封头很相似，当容器的直径较大时，采用"冲压—拼焊"的方法成型或采用层板冲压端盖。

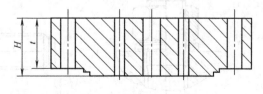

图 3-9　可拆连接平盖

二、高压容器的筒体端部

筒体端部的结构与筒体结构、密封形式和制造方法有关，筒体端部有的用层板式与筒体锻制或焊接成一体，有的用锻件与筒体焊接在一起或用螺纹套合在筒体上。如图3-10所示。

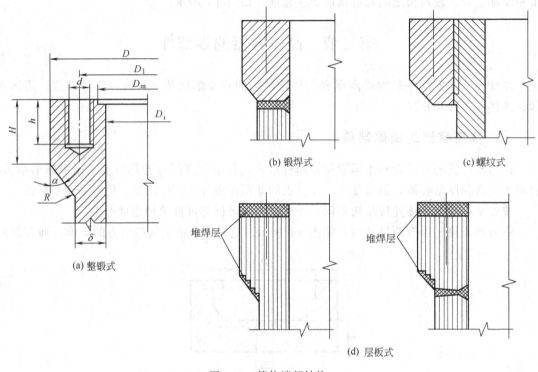

(a) 整锻式
(b) 锻焊式
(c) 螺纹式
(d) 层板式

图 3-10　筒体端部结构

三、高压容器的主要连接件

高压容器的紧固连接件有螺栓连接、卡箍连接等，目前普遍采用无螺栓连接，即卡箍连接。但螺栓连接使用较为广泛且技术较为成熟，目前很多企业仍在应用。

1. 螺栓连接

高压容器承受的载荷有压力载荷和温差载荷，压力与温度还有波动，甚至有时还有因各种变化引起的冲击载荷，因此螺栓的工作条件复杂。高压螺栓一般采用中部较细的双头细牙螺栓，如图3-11所示。

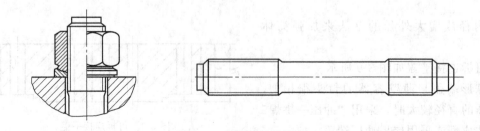

图 3-11　高压螺栓结构图

2. 卡箍

卡箍连接通常用于"O"形环、"C"形环和"B"形环等自紧式密封。其纵向断面呈凹形，分为两块拼合式和三块拼合式两种，卡箍之间用螺栓进行连接。卡箍的结构紧凑轻便，加工制造和安装比较方便。如图 3-12 所示。

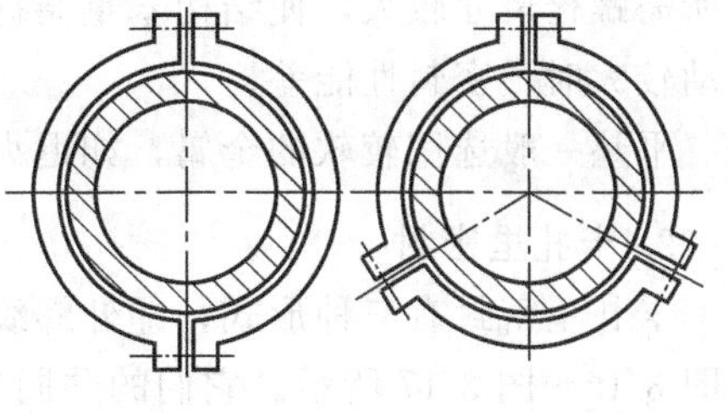

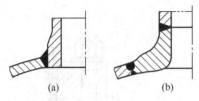

图 3-12　卡箍

四、高压容器的开孔补强

以往总是力求避免在高压容器的筒体上部分开孔，而把必须开的孔放在平盖或端部法兰等处，而在筒体部分的开孔直径限制在壁厚的 3/4 以内。随着石油化工的发展越来越需要在筒体上开大孔，因此必须妥善解决开孔后的补强问题。

高压容器开孔与补强的特殊性在于：不采用补强圈形式而采用接管补强或整锻件补强，使补强更有效；见图 3-13，现分述如下。

（1）接管补强　如图 3-13（a）所示，结构简单，只需一段厚壁管即可，制造与检验都方便，但必须保证全焊透焊接。常用于低合金钢容器或某些高压容器。

图 3-13　高压补强基本类型

（a）　（b）

（2）整锻件补强　如图 3-13（b）所示，能最有效地降低应力集中系数，而且全部焊接接头容易成为对接焊，易探伤，质量有保证。这种补强件的抗疲劳性能最好，疲劳寿命降低 10%～15%。缺点是锻件供应困难，成本较高，只在重要设备中使用，如高压容器、核容器及材料屈服强度在 500MPa 以上的容器等。

第三节　高压容器的密封

由于操作维修和装配上的缘故，大多数高压容器及接管均需要用可拆连接，保证连接口的密封性就成为一个重大的问题。

高压容器的密封结构，根据工作原理可分为强制式密封和自紧式密封。

一、高压容器的强制式密封

强制式密封完全依靠连接件通过被连接件强制密封元件使之变形而达到密封的作用。

1. 平垫密封

如图 3-14 所示。在连接表面间放有用软材料制成的垫片。在螺栓预紧力作用下，介质可能泄漏的间隙或孔道，被挤压后塑性变形的垫片材料所填充，因而达到了初始密封的目的。

平垫密封结构简单，技术成熟，垫片及密封面加工容易，在直径小，压力不高时密封性能良好。

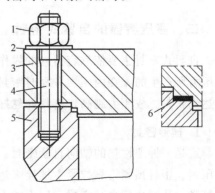

图 3-14　平垫密封

1—主螺母；2—垫圈；3—平盖；4—主螺栓；
5—筒体端部；6—平垫片

但所需螺栓尺寸较大，使结构笨重装拆不便，几乎每次检修都需要更换垫片；且压力，温度波动较大时，密封性能差。

平垫一般选用较软的金属，如退火铝、退火紫铜等。

2. 卡扎里密封

卡扎里密封有三种形式，即外螺纹卡扎里密封、内螺纹卡扎里密封及改良卡扎里密封，如图 3-15～图 3-17 所示。它们的共同特点是：用压环和预紧螺栓将三角形垫片压紧来保证密封，密封比压的载荷都是由预紧螺栓承担。与平垫密封不同的是介质作用于顶盖的轴向力，在内、外卡扎里密封中是由螺纹套筒来承担的，而在改良卡扎里密封中仍由大螺栓承担轴向力，从而减轻了装拆时工作量，使检修程序简化。在操作过程中，若发现预紧螺栓有松动现象，可以连续上紧，因而密封可靠。

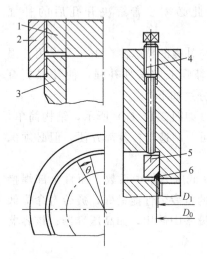 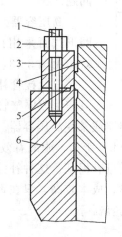 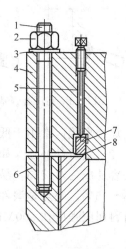

图 3-15　外螺纹卡孔里密封　　图 3-16　内螺纹卡孔里密封　　图 3-17　改良型卡扎里密封

1—平盖；2—螺纹套筒；3—筒体端部；　1—螺栓；2—螺母；3—压环；　　1—主螺栓；2—主螺母；3—垫圈；

4—预紧螺栓；5—压环；6—密封垫　　4—平盖；5—密封垫；　　　　4—平盖；5—预紧螺栓；6—筒

6—筒体端部　　　　体端部法兰；7—压环；

8—密封垫

二、高压容器的自紧式密封

自紧式密封主要依靠容器内的操作压力压紧密封元件。即密封表面间的压力是由内部介质压力所产生的，在内压力升高时密封表面间的接触压力也随之增加并压紧密封垫，使连接处达到密封。故压力越高，密封性越好。

1. 楔形密封

这是一种塑性垫的轴向自紧密封。密封垫置于浮动端盖和筒体顶部之间用主螺栓通过压环压紧，密封预紧力靠拧紧主螺栓来达到。工作时，介质压力作用于浮头顶盖，使密封垫更加挤紧，从而达到自紧密封。压力越大，密封力也越大，密封性能也就越好。

楔形密封的优点是密封可靠，螺栓预紧力较小，在温度和压力有波动的情况下仍能保持良好的密封性能。缺点是塑性密封垫在密封过程中易使端盖打开困难，结构较笨重，消耗金属量大。楔形垫一般采用软金属，如退火紫铜、工业纯铁、软钢等。如图 3-18 所示。

2. 伍德密封

拧紧牵制螺栓使顶盖与压垫、压垫与筒体端部间产生密封预紧力。当内压作用后，顶盖向上移动，使密封压力进一步增加，温度波动影响而产生微量的上下移动时，压垫可以随着伸缩，故其密封性能良好。另外介质作用于顶盖上的轴向力，并不靠螺栓来承受，而是通过四合环作用于筒体端部，故不需要大螺栓，拆卸与安装比较方便。它的结构比较复杂，筒体端部尺寸太大，顶盖也占有不少高压空间。如图 3-19 所示。

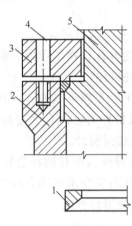

图 3-18　楔形密封

1—塑性楔形垫；2—筒体端部；3—法兰；
4—主螺栓；5—浮动端盖

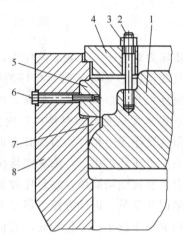

图 3-19　伍德密封

1—顶盖；2—牵制螺栓；3—螺母；4—牵制环；
5—四合环；6—拉紧螺栓；7—压垫；
8—筒体端部

3. C 形环密封

一种典型的弹性垫轴向自紧密封。如图 3-20 所示，依靠环的上下两个凸出的圆弧面与端盖和筒体端部的平面形成线接触而达到密封。预紧时，C 形环受到轴向的弹性压缩，在线的接触产生预紧密封比压。当内压上升时，介质进入 C 形环的内腔，使 C 形环轴向力上升而增大，达到自紧密封的目的。

C 形环密封的优点是预紧力小，结构简单；制造方便；使用卡箍连接时无主螺栓，装拆方便；密封环能重复使用。不足的是对密封环及密封槽的加工要求高，为了降低密封面的加工精度要求，可在环上下密封面放置软金属垫，如退火铝等。

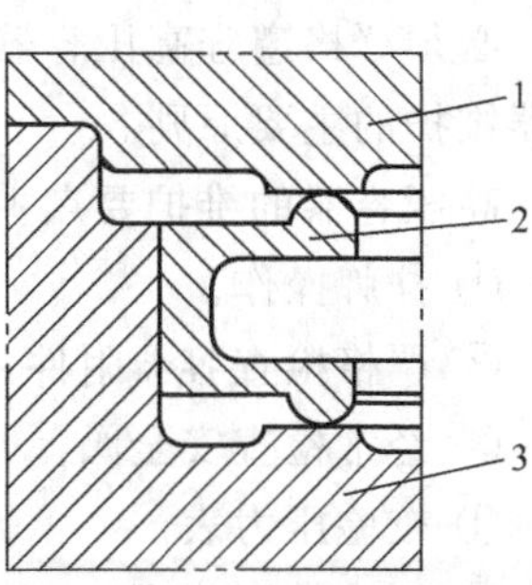

图 3-20　C 形环密封

1—平盖或封头；2—C 形环；
3—筒体端部

4. O 形环密封

O 形环密封是目前高压容器中比较新、效果比较好的一种轴向预紧式密封，可用于高温、高压、低温和低真空设备上。如图 3-21 所示。

非自紧式 O 形环密封是由金属管直接对焊而成。其密封为线接触密封，在较小的螺栓预紧力作用下，即可达到预紧密封要求。操作时，依靠 O 形环自身的回弹，以及在工作条

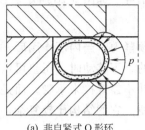 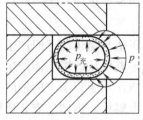 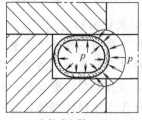

(a) 非自紧式 O 形环　　　　(b) 充气式金属 O 形环　　　　(c) 自紧式金属 O 形环

图 3-21　三种 O 形环密封的局部结构

件下介质压力对管子一个侧面的作用，使环张开，紧贴密封面，达到密封。

充气式金属 O 形环密封是在环腔内充入一定的压力惰性气体，在工作时，随着温度的升高，使环张开，贴紧法兰密封面，再依靠螺栓拉紧来达到密封的。

自紧式金属 O 形环密封是在环内侧钻有若干个小孔，压力介质可以通入（故环内的压力和容器的操作压力相等，因而具有很好的回弹能力，形成良好的轴向自紧密封），操作时依靠介质压力使环扩张开，依靠螺栓拉紧，紧贴法兰密封面达到密封。

O 形环密封结构简单，密封比较可靠，能适应温度压力有较大变化的场合，预紧力小，能减轻紧固件重量，拆卸方便。但是 O 形环管端的对接焊缝质量要求较高，环表面的表面粗糙度数值要求较小。尽管如此，它仍是一种很有发展前途的密封形式。

第四节　高压容器的维护

高压容器在化工生产中工作条件复杂，危险性大，对高压容器的技术管理、精心操作和维护、定期进行检查是非常重要的。

一、高压容器的维护要点

必须严格遵守高压容器的操作条件，保证高压容器在不超温、不超压下运转。这是高压容器维护的主要原则。

高压容器的维护要点主要有以下几点。

① 挂牌操作。

② 严格检查容器附件。

③ 经常检查安全阀。

④ 校验压力表。

⑤ 不准带压修理。

⑥ 更换承压部分结构或提高操作压力须经有关部门同意并经检验合格后，方能使用。

二、高压容器的定期检查要点

1. 定期检查间隔期

结合设备大、中修计划进行，见表 3-1。

表 3-1　压力容器的检查周期

检 查 类 别	检查周期	附　注
外部检查	每年不少于一次	由使用单位负责进行
内部检查	每三年至少一次	由使用单位和检验单位同时进行
全面检查	每六年至少一次	

2. 外部检查

检查设备基础是否下沉，基础上有无裂纹，检查基础螺栓的螺母坚固情况。检查设备外表防腐层、保温层是否完好，表面锈蚀情况、锈蚀深度及分布。检查阀、管件和附件是否正常。检查筒壁温度是否超温。检查容器有无异常震动或声响，与管道之间有无摩擦。在设备停修时，进行安全阀、压力表的校对。

3. 内部检查

内部检查是在计划停车检修时进行，拆除保温层，重点检查内外壁、焊缝及连接处的情况。检查内容为：先进行外部检查，然后清洗内外壁锈污露出金属底色，检查测量腐蚀深度及分布密度；用放大镜检查筒体焊缝；测量筒壁硬度，刮取金属屑进行化学组成分析，检查有无脱碳现象。

裂纹是高压容器致命的缺陷，因此对高压容器的主螺栓及筒体各开孔处的过渡圆弧在进行裂纹检查时，要特别注意隐蔽的微小裂纹缺陷，并采取有效的方法仔细检查。例如，采用渗透探伤法，用荧光粉与煤油调和涂抹被检查的部位，12min 后用干布揩干净，在暗室内用紫外线照射，形成黄绿色荧光火，有荧光火的地方即表示可能存在裂纹；或者用煤油清洗被检查的部位，5min 后用干布揩净，刷涂石灰粉，轻轻敲击，如有裂纹即可发现。

目前基本采用渗透探伤和磁粉探伤两种方法。

通过内外部检查，对检查出的缺陷要分析原因并提出处理意见，修理后要进行复查。

4. 全面检查

每六年一次的全面检查除了上述检查项目外，还要进行耐压试验（一般进行水压试验），并进行各种测量。测量内容主要是检查径向与轴向残余变形，工具采用千分表或电阻应变仪测轴向残余变形。

水压试验后设备应拆开清理，擦干（可用压缩空气吹干），并对所有零件表面进行检查，不允许有影响强度的缺陷。对不能进行水压试验的，可进行气压试验。

三、高压容器的检修要点

高压容器检修要严格按照制订的检修操作规程进行。

高压容器常见故障与修理方法如下。

1. 筒体内部缺陷

高压容器的焊缝和筒体表面不允许有任何尺寸的裂纹存在，高压容器内壁因腐蚀凹陷或发生微裂纹、微划伤，若不影响筒体强度时，可不必补焊，进行打磨圆滑过渡。反之应进行补焊，补焊返修次数不能超过两次。

2. 衬里缺陷

筒体衬里有裂纹、气孔、夹渣等缺陷，可进行补焊。如衬里内鼓，可用机械或其他方法修复。凡是经过修复的衬里必须用氨渗透试验和着色法检查质量。

3. 主连接件缺陷

主螺栓、主螺母的受力螺纹若产生毛刺、伤痕应进行修磨。主螺栓、主螺母不允许有变形、裂纹或影响强度的缺陷，否则应进行更换。高压容器全部螺栓在装配时涂润滑机油石墨和调和物。

4. 密封面缺陷

容器密封面如有划痕等缺陷，应修整到符合质量要求，在拆卸中，要特别注意保护密封面，已拆卸的密封面，涂上润滑脂。

思 考 题

1. 高压容器的结构特点是什么？
2. 高压容器筒体的主要结构形式有哪些？
3. 高压容器的主要零部件有哪些？
4. 高压容器的开孔补强有哪几种补强方式？
5. 高压容器有哪些密封形式？各有何特征？
6. 高压容器的定期检查要点有哪些？
7. 高压容器常见故障有哪些内容？

第四章 换 热 器

第一节 概 述

在化工生产中，几乎每个生产过程都有热量传递（简称传热），进行热量传递的设备称为换热设备，也称热交换器或换热器。换热设备是广泛应用的一种通用工艺设备，它不仅可以独立使用，同时又是很多化工装置的组成部分。在换热器内可以对物料进行加热或冷却，例如溶液的蒸发浓缩，湿物料的干燥、结晶，混合液的精馏等过程中所用的换热器就有这种作用。

换热设备的种类很多，按工艺用途可分为加热器、冷却器、蒸发器、冷凝器、再沸器、废热锅炉、热交换热器等。按传热方式可分为混合式、蓄热式及间壁式三大类。

一、混合式换热器

混合式换热器又称直接接触式换热器，它是将冷、热流体直接接触，进行热量交换而实现传热的。例如常见的有凉水塔、喷洒式冷却塔、气液混合式冷凝器等。

图 4-1 为两种在化工厂经常见到的凉水塔示意图。图 4-1(a) 为自然通风结构。热水自塔顶喷下，落于筛板上飞溅成散流，在层层下落时与水平自然对流的空气接触而使热水冷却。图 4-1(b) 是强制通风凉水塔。其冷却过程是靠强制对流空气与热水直接接触进行的，塔体常用玻璃钢制成。

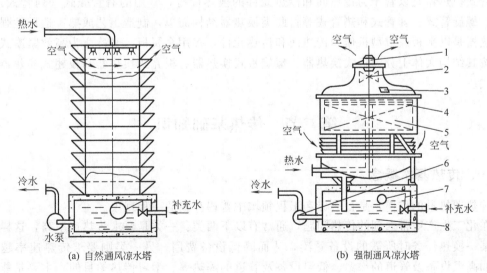

(a) 自然通风凉水塔   (b) 强制通风凉水塔

图 4-1 凉水塔示意图

1—电动机；2—风扇；3—视孔；4—喷水管；5—填料；6—水泵；7—浮球阀；8—水池

二、蓄热式换热器

蓄热式换热器内部设有蓄热体（一般为耐火砖），操作时冷热两种流体交替通过蓄热体，当热流体通过时，蓄热体吸收了热流体的热量而升温，热流体放出了热量而降温；当冷流体通过时，蓄热体放出热量而降温，冷流体被加热而升温。这样，利用蓄热体来蓄积和释放热量而达到冷、热两股流体换热的目的。蓄热式换热器分为连续型（回转蓄热型换热器或"热轮"）和间歇型（固定型或阀门切换型）两种，其结构如图4-2所示。

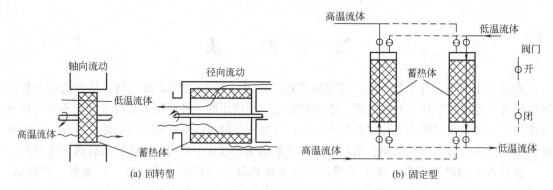

图 4-2 蓄热式换热器

在化工生产中蓄热式换热器主要用于原料气转化和空气预热。

三、间壁式换热器

间壁式换热器是化工生产中应用最广泛的一种形式，亦称表面式换热器或间接式换热器。在这类换热器中，冷、热两股流体被固体壁隔开，通过固体壁面的导热和对流换热进行热量的传递。参加换热的流体不会混合，传热过程连续而稳定地进行。

根据传热面和传热元件的不同，间壁式换热器又可分为管式换热器和板式换热器两大类。管式换热器是以管子为传热面和传热元件的换热设备，常用的有管壳式（列管式）、蛇管式、螺旋管式、套管式和热管式等；此类换热器结构简单，制造工艺成熟，适用性强。板式换热器是以平板或成型板作为传热面和传热元件，多用金属板，又称之为高效紧凑式换热器。按其结构大体上分为板式换热器、螺旋板式换热器、板壳式换热器和板翅式换热器等多种形式。

第二节　传热基础知识

一、传热基本概念

传热即热量的传递，是自然界和工程领域中普遍存在的一种现象。

在化工生产中常遇到的传热问题，通常有以下两类：一类是要求传热速率高，这样可使完成某一换热任务时所需的设备紧凑，从而降低设备费用；另一类则要求传热速率越低越好，如高温设备及管道的保温、低温设备及管道的隔热等。学习传热的目的，主要是能够分析影响传热速率的因素，掌握控制热量传递速率的一般规律，以便能根据生产的要求来强化和削弱传热，正确地选择适宜的传热设备和保温（隔热）方法。

二、传热基本方式

热量的传递是由于系统内或物体内温度不同而引起的。热量总是自动地从同一物体的高温部分传给低温部分，或是从较高温度的物体传给较低温度的物体。

根据传热机理不同，传热的基本方式有三种：热传导、热对流和热辐射。

1. 热传导

热传导又称导热。热能从一种物体传至与其相接触的另一物体，或从同一物体的一部分传至另一部分，这种传热方式称为热传导。

2. 热对流

热对流又称对流传热。在流体中，主要是由于流体质点的位移和混合，将热能由一处传至另一处的传热方式称为对流传热。工程上通常将流体与固体壁面之间的传热称为对流传热，对流传热过程中总是伴有热传导。

3. 热辐射

热辐射是一种通过电磁波传递能量的过程，某一物体的热能以电磁波形式在空间传播，当被另一物体部分或全部接受后，又重新转变为热能，这种传热方式称为辐射传热。只要热力学温度大于零度的物体，都会以电磁波的形式向外界辐射能量。

三、强化传热的措施

所谓强化传热，就是设法提高换热器的传热速率。从传热基本方程 $Q = KA\Delta t_m$ 可以看出，增大传热面积 A，提高传热推动力 Δt_m，以及提高传热系数 K 都可以达到强化传热的目的，但应从技术经济的角度进行具体分析，确定提高哪个因素更有利。

1. 增大传热面积

增大传热面积，可以提高换热器的传热速率。若靠简单地增大设备尺寸来实现增大传热面积会使设备的体积增大，金属耗用量增加，相应增加了设备的投入费用。从改进设备的结构入手，增加单位体积的传热面积，可以使设备更加紧凑，结构更加合理。目前出现的一些新型换热器，如螺旋板式换热器等，其单位体积的传热面积便大大超过了列管换热器。同时，还研制并成功使用了多种高效能传热面，将光滑管改为带翅片或异形表面的传热管，它们不仅使传热表面有所增加，而且强化了流体的湍动程度，提高了对流传热系数，使传热速率显著提高。

2. 提高传热平均温度差

平均传热温度差的大小取决于两流体的温度及流动形式。物料的温度由工艺条件所决定，一般不能随意变动，而加热剂或冷却剂的温度则因选择的介质不同而异。

当两种流体在传热过程中均发生温度变化时，采用逆流操作亦可增大平均温度差。当平均温度差增大，会使有效能损失增大，从节能的角度考虑，应使平均温度差减小。

综上所述，通过增大平均温度差这一手段来强化传热过程是有一定限度的。

3. 提高传热系数

传热系数 K 受传热介质导热系数、壁面污垢、流体流速、流体湍动等影响。提高 K 的主要途径有：增加流体流速，增大湍动程度。如列管式换热器中增加的管程数，壳体内加折流挡板，管内放入麻花铁、金属丝片等添加物；如板式换热器的板片表面压制成各种凹凸不平的沟槽面等，提高流体的流速和扰动，以减弱垢层的沉积；控制冷却水出口温度，加强水质处理，尽量采用软化水；加入阻垢剂，防止和减缓垢层形成；定期采用机械或化学的方法清除污垢等。

第三节　列管式换热器

　　列管式换热器是目前化工生产中应用最为广泛的一种换热器。其具有结构简单，技术成熟，制造容易，适应性强，处理量大，操作方便，运行安全可靠等优点，尤其在高温、高压和大型装置中使用更为普遍。但其传热效率、设备的紧凑性及单位传热面积的金属消耗量等不及某些新型换热器。

　　列管式换热器主要由壳体（圆筒）、管箱、管板、管束、连接法兰、支座、接管、折流板等部件组成，如图 4-3 所示。

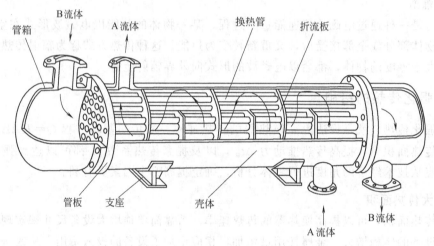

图 4-3　固定管板式换热器

一、列管式换热器类型

　　列管式换热器种类很多，根据结构特点的不同可分为固定管板式、浮头式、U 形管式和填料函式等。固定管板式又有带膨胀节的和不带膨胀节的两种。

1. 固定管板式换热器

　　如图 4-4 所示，固定管板式换热器管子、管板、壳体是刚性地连在一起的。在圆柱形外

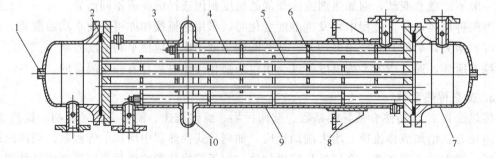

图 4-4　固定管板式换热器

1—排液孔；2—固定管板；3—拉杆；4—定距管；5—换热管；6—折流板；

7—封头管箱；8—悬挂式支座；9—壳体；10—膨胀节

壳内，装入平行管束，管束两端用焊接或胀接的方法固定在管板上，两块管板与外壳直接焊接在一起，装有进口或出口管的顶盖用螺栓与外壳两端法兰相连接。这种换热器比较简单、紧凑、造价低，由于管子由两个管板相互支承，故在各种管壳式换热器中它的管板最薄。但是这种换热器的壳程清洗困难，不易进行机械清洗，特别是当管内外两种流体温差较大时，易产生较大的温差应力，且不能消除。故适用于两种介质温差不大或温差虽大但是壳程压力不高及壳程介质不易结垢的场合。

为了克服温差应力，当固定管板换热器的管壁与壳壁的温差大于 50℃ 时，应在换热器上设置温度补偿装置——膨胀节（如图 4-4 中件 10）。但是，装有膨胀节的固定管板式换热器，也只能在管壁与壳壁温差低于 60～70℃ 和壳程流体压力不高的情况下使用。一般壳程压力超过 0.6MPa 时，由于膨胀节过厚，刚性太大，难以伸缩而失去温差补偿作用，就应考虑其他结构。

管板式换热器分单管程与多管程两种结构形式，如图 4-3 所示为单管程换热器；图 4-6 为多管程换热器。多管程换热器是在换热器的一端或两端的管箱内设置一个或若干个隔板，使流体每次只流过换热器的一组管子，如此依次流过换热器的各组管子，最后又由出口流出换热器。流体每流过一组管子称为一程。多管程换热器可以提高管内流体的流速，增加传热效率，但程数多，摩擦阻力损失和局部阻力损失增大，构造复杂，设备的安装、拆卸和清洗比较困难。

2. 浮头式换热器

浮头式换热器的一端管板与壳体固定连接，另一端则不与壳体连接，而是用一较小端盖（或管箱）单独密封，称为"浮头"，浮头结构示意图如图 4-5 所示，所以这种换热器称为浮头式换热器。浮头可在壳体内或壳体外自由伸缩，不会产生温差应力，因此能在较高温差和压差条件下工作，如图 4-6 所示。由于管束可以从壳体一端抽出，管内和管间及壳程的清洗与维修较方便，故适用易结垢的流体。由于管束与壳体之间存在着较大的环隙，设备的紧凑性差，传热效率低。浮头管板与浮头盖之间的结构复杂，材料消耗大，造价比同样传热面固定管板式换热

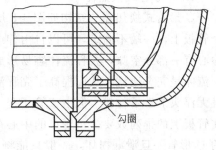

图 4-5　浮头结构

器高 20% 左右。同时因小端盖在大端盖里面，发生泄漏不易发现，故要特别注意小端盖的密封，防止内漏。

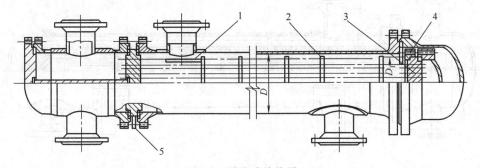

图 4-6　浮头式换热器

1—防冲板；2—折流板；3—浮头管板；4—钩圈；5—支耳

3. 填料函式换热器

填料函式换热器是将浮头式换热器的浮头移到壳体外边,浮头与壳体之间采用填料函进行密封,如图 4-7 所示。

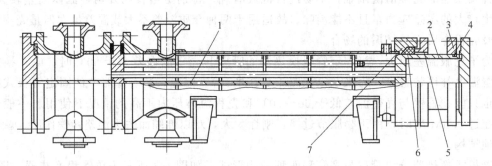

图 4-7　填料函式换热器

1—纵向隔板;2—浮动管板;3—活套法兰;4—部分剪切环;5—填料压盖;6—填料;7—填料函

当管束与壳体之间的温差较大、腐蚀较严重且需经常更换管束时,采用这种结构比较合适。另外拆卸、清洗和检修都很方便,它比浮头式换热器结构简单紧凑、造价低,管束可以抽出,管内外可以进行清洗,泄漏容易被发现。但不耐压、易泄漏,壳程中不能处理易挥发、易燃、易爆、有毒的介质,只能用在低压与小直径的场合,故使用不广泛。

4. U 形管式换热器

U 形管式换热器的结构如图 4-8 所示。它的管束弯曲成 U 形,U 形管一端固定在同一个管板上,一端不固定,可以自由伸缩,所以没有温差应力产生。管内流体为双程,因管束中心有一部分空隙,壳程流体容易形成短路,不利于传热,为此常在壳程加一纵向挡板,使两流体呈完全逆流,从而提高了壳程流速。这种换热器结构简单,只有一个管板和一个管箱且无浮头节省了材料。但由于管子呈 U 形,管内清洗困难;管板上排列的管子数比起直管在管板上的排列数要少;管束的中心存在空隙,壳程流体易形成短路,对传热不利。管束中的 U 形管一旦泄漏损坏,一般只能将该 U 形管堵上,只有管束外围的 U 形管才便于更换。U 形管束由于只有一块管板支承,在相同条件下管板的厚度较厚,且在流体流动中容易产生振动。

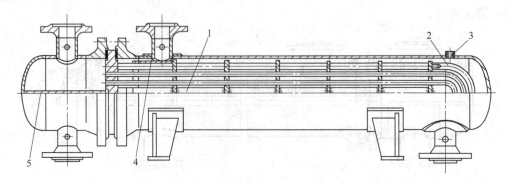

图 4-8　U 形管式换热器

1—中间挡板;2—U 形换热管;3—排汽口;4—防冲板;5—分程隔板

U 形管式换热器主要用于管内介质清洁，不易结垢且两种介质温差较大或高温高压的场合。

二、列管式换热器主要部件及结构

1. 壳体

换热器的壳体一般为一长圆筒，圆筒的公称直径以 400mm 为基数，以 100mm 为进级挡，根据实际情况也可采用 50mm 为进级挡。当直径小于或等于 400mm 时，可采用无缝钢管制造。其厚度确定根据管间压力、直径大小和温差来决定，壳体的材质根据腐蚀情况而定。

2. 换热管

我国管壳式换热器所用碳素钢、低合金钢钢管的规格常用 $\phi19mm \times 2mm$ 和 $\phi25mm \times 2.5mm$ 两种；不锈钢钢管规格常用 $\phi19mm \times 2mm$ 和 $\phi25mm \times 2mm$ 两种。选择管子直径要考虑换热介质在管内的流速、流量、流体的性质（黏度、污浊度）等。

换热器的管子一般采用光管，光管结构简单容易制造，但传热系数较低，为了强化传热效果，可采用异形管作换热器的管子，如图 4-9 所示。常用的有翅片管、螺旋槽纹管、横纹管等。异形管制造困难。

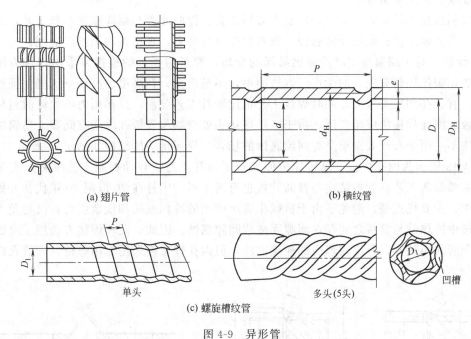

(a) 翅片管　　　　　　　　　　　　　(b) 横纹管

单头　　　　　　　　　多头(5头)

(c) 螺旋槽纹管

图 4-9　异形管

3. 管板与换热管的连接

（1）管板　管板的作用是固定管束，连接壳体和端盖，分隔管程、壳程空间，避免冷、热流体的混合。

通用的管板结构是圆形厚平板，如图 4-10 所示，其上排列着许多的管孔，厚度较大，可以用低碳钢或低合金钢板制成。

（2）管板与换热管的连接　管子与管板间的连接必须保证管子和管板连接牢固，密封可靠。常用的连接方法有胀接、焊接和胀焊结合等。

① 胀接。胀接方法是将管子的一端退火后，用砂纸去掉表面污物和锈皮，装入管板孔内，在胀管器强力滚子的压力作用下，管径增大，产生塑性变形，从而使管端外表面与管板孔内表面紧紧地挤压在一起，达到紧固和密封的目的，如图 4-11 所示。

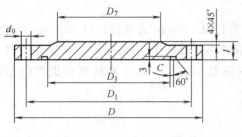

图 4-10　圆形厚管板

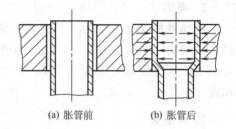

(a) 胀管前　　　(b) 胀管后

图 4-11　胀管示意图

胀接连接适用于设计压力小于或等于 4MPa，设计温度≤300℃，操作中无剧烈振动，无过大温度变化及无严重应力腐蚀的场合，管子与管板的材质均为碳钢或低合金钢，并无特殊要求的换热器。

采用胀接时，管板材料的硬度要高于管子材料的硬度。若选用同样的材料可采用管端退火降低硬度的方法来实现。

随着制造技术的发展，近年来出现了液压胀管、橡胶胀管与爆炸胀管等新工艺，具有生产率高、劳动强度低、胀接处防腐蚀、密封性能好等特点，现正在逐渐推广应用。

② 焊接。对于高温高压以及易燃易爆的介质，管子与管板的连接多采用焊接方法，因为焊接法比胀接法具有更大的优点：方法简单，不易泄漏，在高温、高压下仍能保证连接的紧密性；管板孔加工要求低，同时焊接工艺也比胀管工艺简便，且在压力不太高时可使用较薄的管板，因此焊接法应用广泛。由于在焊接接头处管端与管板孔之间有间隙，易腐蚀，因此焊接法不适用于有较大振动及有间隙腐蚀的场合。焊接接头的结构如图 4-12 所示。

图 4-13 所示为内孔焊接，是将焊头伸入管子内孔，通过自动控制工艺参数，实现管子与管板氩弧焊新工艺。管板结构与普通管板也有所不同，国外在 20 世纪 70 年代初开始应用于生产中，主要优点是：避免了由于机械胀管所产生的冷作硬化和残余应力；又避免了由于端面焊接中换热管与管板之间存在间隙而造成间隙腐蚀。因此，此种焊接方法用于腐蚀介质工作的列管式换热器，是比较理想的连接方法，但内孔焊接需采用专用焊枪伸入管孔内进行

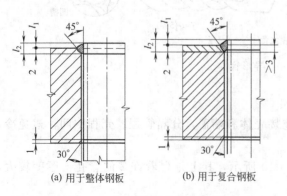

(a) 用于整体钢板　　　(b) 用于复合钢板

图 4-12　管子与管板焊接结构

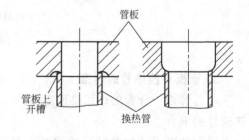

(a) 焊接接头处管板上开槽　　(b) 管子伸入到管板

图 4-13　内孔焊接接头

焊接，且管板孔加工较为复杂，焊缝返修也不方便。

③ 胀焊结合。单独采用胀接或单独采用焊接均有一定的局限性。为此，出现了胀接加焊接的形式。其结构有两种形式：一是强度胀加密封焊，胀接承载并保证密封，焊接仅是辅助性防漏；二是强度焊加贴胀，焊接承载并保证密封，贴胀是为了消除间隙。采用焊胀结合结构可以消除间隙，提高使用寿命。适用于密封性能要求较高，承受疲劳或振动载荷，有间隙腐蚀的场合。从加工工艺过程来看，可以先焊后胀，也可以先胀后焊，各有利弊，目前尚无统一的规定，一般趋向于先焊后胀。目前这种方法已得到比较广泛的应用。

4. 管板与壳体的连接

管壳式换热器管板与壳体的连接结构可分为可拆式和不可拆式两大类。

（1）不可拆结构 当管板兼作法兰时，一般采用图 4-14 所示的结构。

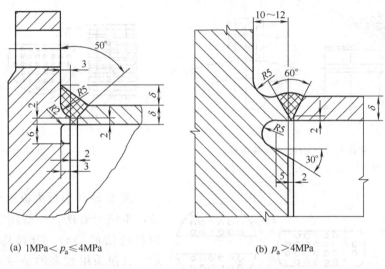

(a) 1MPa$<p_a\leqslant$4MPa   (b) $p_a>$4MPa

图 4-14 兼作法兰的管板与壳体的连接结构

当管板不兼作法兰时，与圆筒的连接结构如图 4-15 所示，管板直接焊在壳体内，考虑到管板较厚，应对焊接部位进行结构改进，以减少焊接应力。

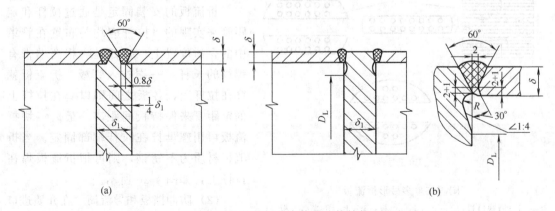

(a)   (b)

图 4-15 不兼作法兰的管板与壳体的连接结构（$p\leqslant$MPa）

（2）可拆结构 由于浮头式、填料函式、U 形管式换热器的管束检修时要从壳体中抽出以便清洗，故需将固定管板做成可拆连接，又称夹持式管板连接，如图 4-16 所示。管板与两法兰间密封面形式有平面、凸凹面、榫槽面等。

5. 折流板及其他挡板

（1）折流板　为了提高壳程内流体的传热效率，在壳程内设置了折流板，迫使流体按规定路径多次横向流过管束，折流板还起支持换热管的作用。

折流板可分为横向折流板和纵向折流板两种。前者使流体垂直流过管束；后者与管束平行，并采用焊接或用螺钉连接方式，固定在壳体上，一般用于U形管式换热器上。

常见的横向折流板有弓形和圆盘-圆环形两种。

弓形折流板有单弓形和多弓形，如图4-17、图4-18所示，其中单弓形折流板用得最多。一般取缺口高度为壳体公称直径的0.20～0.45倍。

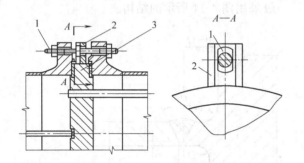

图4-16　管板与壳体的可拆连接结构

1—带肩双头螺柱；2—防松支耳；3—管板

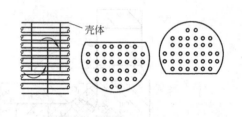

图4-17　单弓形折流板

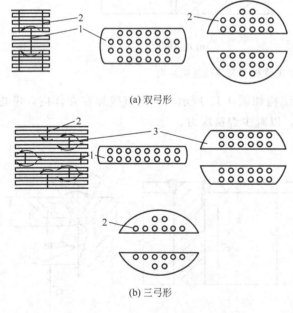

(a) 双弓形

(b) 三弓形

图4-18　多弓形折流板

1—双缺口板；2—上、下弓形板；3—上、下半弓形板

圆盘-圆环形折流板由于结构比较复杂，不便于清洗，一般用于压力较高和物料清洁的场合，其结构如图4-19所示。目前采用较多的是弓形折流板。在这种折流板中，流体只经折流板切去的圆缺部分而垂直流过管束，流动中死区较少，结构也简单。

折流板的安装固定是通过拉杆和定距管来实现的。拉杆应均匀布置在管束中的合适位置上。拉杆是一根两端带有螺纹的长杆，一端拧入管板。折流板就穿在拉杆上，各板之间则以套在拉杆上的定距管来保持板间距离。最后一块折流板可用螺母拧在拉杆端部固定。当折流板材质为不锈钢，则可把折流板焊在拉杆上，如图4-20所示。

（2）防冲挡板和导流筒　在介质进口处的管束，经常受到流体介质的冲刷，容易产生侵蚀和振动，所以为了保护管束常将壳程接管的入口处加以扩大，把接管做成喇叭形，如图4-21所示以起缓冲作用，或在壳体进口处设置防冲挡板和导流筒。如图4-22、图4-23所示。

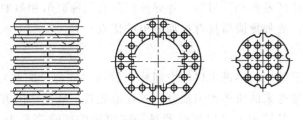

图 4-19 圆盘-圆环形折流板

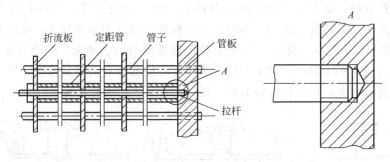

图 4-20 折流板的固定

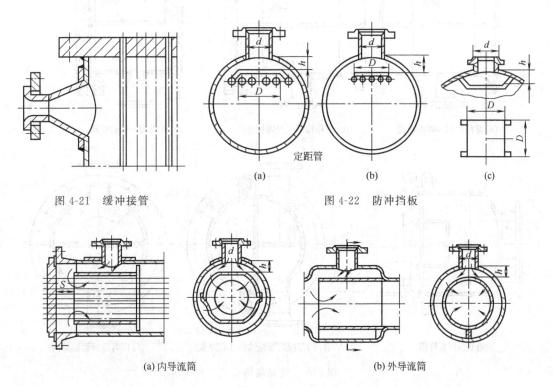

(a)内导流筒　　　　　　　　　(b)外导流筒

图 4-23 导流筒

防冲板一般是焊接在定距管上，为保证防冲板与壳体间的距离，往往在该进口部位少排一些换热管。

导流筒有内导流筒与外导流筒两种结构。设置内、外导流筒不仅可以防止入口处流体对管子的冲击，而且可使壳程流体分布均匀，使进口段管束的传热面得到充分利用，减少传热死区，防止进口段流体诱发振动。另外，外导流筒具有与膨胀节相似的位移补偿功能，排管数比内导流筒的数多，故外导流筒具有更加突出的优点。

6. 管箱与接管

（1）管箱　换热器管内流体进出口的空间称为管箱（或称分配室）。它位于换热器的两端，作用是把从管道输送来的流体均匀地分布到各换热管，或把管内流体汇集到一起输送出去，还兼有封头作用。其结构主要以换热器是否需要清洗或管束是否需要分程等因素来决定。常用的结构有如图 4-24 所示的几种。其中，图 4-24（a）适用于较清洁的介质，因为在检查或清洗换热管时，必须将连接管道一起拆下，很不方便；图 4-24（b）在管箱上装有平板盖，将盖拆除后不需拆除连接管，即可清洗和检查，设计中采用较多，缺点是用材多；图 4-24（c）为管箱与管板焊成一体，可以完全避免管板密封处的泄漏，但管箱不能单独拆下，检修、清理不方便；图 4-24（d）和 4-24（e）为多管程隔板布置的结构形式；图 4-24（e）为四管程前管箱和管程的介质出入口接管形式，图 4-24（f）为后管箱结构。

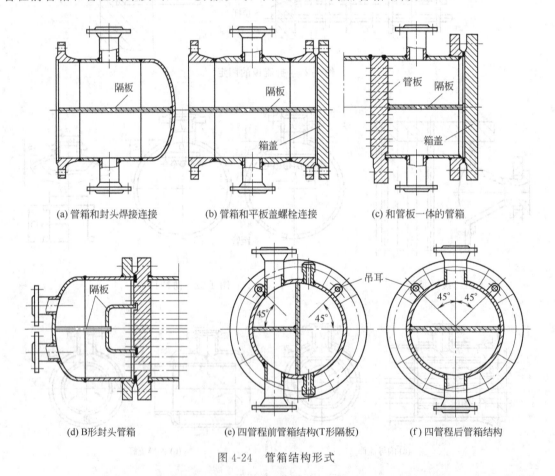

(a) 管箱和封头焊接连接　　(b) 管箱和平板盖螺栓连接　　(c) 和管板一体的管箱

(d) B形封头管箱　　(e) 四管程前管箱结构(T形隔板)　　(f) 四管程后管箱结构

图 4-24　管箱结构形式

（2）接管　接管是冷热流体的进出口。对接管的一般要求：接管内端面应与壳体内表面平齐；接管应尽量沿壳体的径向或轴向设置；接管与外部管线可采用焊接连接或法兰连接；设计温度高于或等于 300℃ 时，必须采用整体法兰。壳程接管的结构如图 4-25 所示。

7. 膨胀节

当壳壁与管壁温差比较大时，有可能在温差应力与内压产生的应力共同作用下，使圆筒

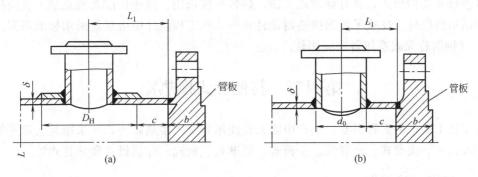

图 4-25 壳程接管

或换热管中的轴向应力超过许用值，这时若仍选用固定管板式换热器，则要设置膨胀节。膨胀节是装在固定管板式换热器壳体上的一种挠性元件。由于膨胀节比壳体挠性大，易于变形，可使壳体具有一定的伸缩量，因此，在一定的温差范围内能很好地达到消除或减少温差应力的作用。

常见的膨胀节有三种形式：平板焊接式膨胀节、U形膨胀节和夹壳式膨胀节，如图 4-26 所示。最常用的是 U形膨胀节，它可由单层或多层构成。当要求更大的补偿量时，可采用多波膨胀节。平板焊接的膨胀节，结构简单，便于制造，但只适用于常压和低压场合。夹壳式（带加强装置的 U形膨胀节）可用于压力较高的场合。

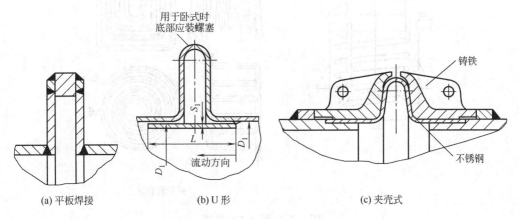

图 4-26 膨胀节的结构形式

U形膨胀节与换热器壳体的连接，一般采用对接。膨胀节本身的环焊缝及膨胀节和壳体连接的环焊缝均应采用全焊透的结构，并按与壳体相同的要求进行无损检测。

对于卧式换热器用的 U形膨胀节，必须在其安装位置的最低点设置排液孔，以便排净壳体内的残留液体。当壳体的厚度与膨胀节厚度之差大于 3mm 时，应在壳体一侧按 1：3 的斜度削薄过渡。为了减少膨胀节的磨损，防止振动及降低流体阻力，必要时可以在膨胀节的内侧增设衬筒膨胀节。已有国家标准《压力容器波形膨胀节》（GB 16794），选用或设计时可以参照此标准。

三、列管式换热器标准

为了保证质量，降低成本，我国制订了换热器系列技术标准，标准里规定了各类换热器的基本参数和结构形式，备有标准施工图，供各单位选用。这些标准系列总结了我国换热器设计和制造的经验，反映了我国换热器设计水平，在工程设计中应尽量采用标准系列。其中GB 151《钢制管壳式换热器》应用较广。

第四节　其他形式换热器

为了化工生产的多种需要，生产中除大量使用列管式换热器外，还采用其他形式的换热器，如沉浸式、夹套式、套管式、平板式、喷淋式、板式、螺旋板式和热管式等。

一、沉浸式换热器

沉浸式换热器又称沉浸式蛇管换热器，一般用金属管子或非金属管子按需要的形状弯曲制成适合于不同设备形状要求的蛇管沉浸在被加热或被冷却介质的容器中，如图 4-27 所示是常见的几种蛇管形状。蛇管的材料有钢管、铜管、银管及其他有色金属管，还有陶瓷管、玻璃管、石墨管和塑料管等非金属管。蛇管不宜太长和太粗，否则易造成管内流体流动阻力大，消耗能量多，降低传热效果，而且加工也困难。

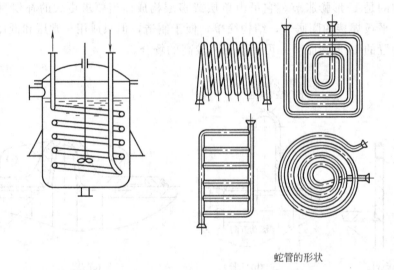

蛇管的形状

图 4-27　沉浸式换热器

沉浸式蛇管换热器结构简单，价格低廉，选材广泛，蛇管可以承受高压，易于操作，便于管理。但其单位传热面金属消耗量大，每平方米传热面积约需钢材是列管式换热器的三倍，体积大设备笨重，更重要的是传热效率低，不适于制造大型换热设备。

二、喷淋式换热器

喷淋式换热器又称喷淋式蛇管换热器，是用冷却水直接在管外喷淋，使管内流体冷却，它是把若干个直管水平排列于同一垂直面上，上下相邻的管端用 U 形弯管连接起来。在最上面的管子上有喷淋式装置，冷却水经过喷淋装置均匀地逐管流下，最后集于底槽内排出，如图 4-28 所示。

喷淋式换热器一般露天放在空气流通的位置，使空气参与冷却作用，加速冷却，在相同条件下用水量是沉浸式换热器的二分之一。该换热器结构简单、紧凑，易于制造安装，拆洗检修都很方便，且成本低。由于其单位传热面积消耗金属量大，约为列管式换热器材料消耗量的两倍，故而体积也较大。喷淋式换热器多用于气体的冷却或高压流体的冷却和冷凝。

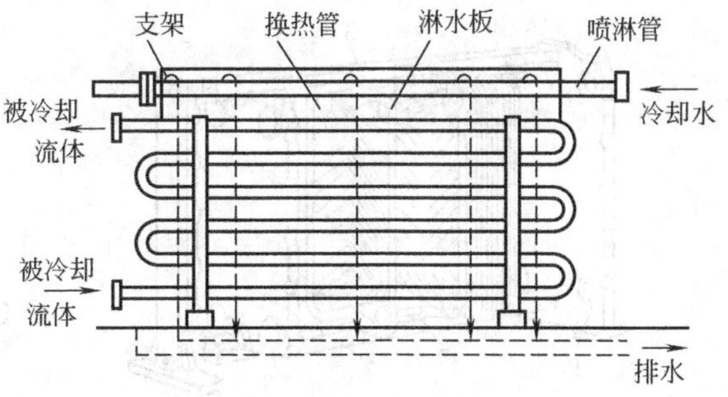

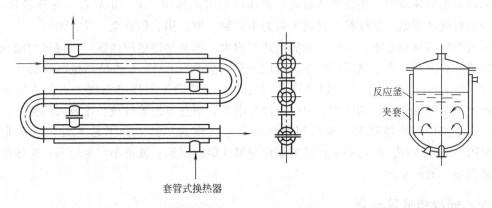

图 4-28 喷淋式换热器

三、套管式换热器

套管式换热器是将两根直径大小不同的标准管子装成同心套管，每一段套管称为一程，其内管用 U 形弯管顺次连接组成，外管之间由管法兰连接，如图 4-29 所示。换热时，一种流体在内管中流动，另一种流体在套管环隙间流动。冷热流体呈逆流方式进行换热。

图 4-29 套管式换热器　　　　　　　　图 4-30 夹套式换热器

该换热器结构简单拆装容易；管数和程数的伸缩性很大，可根据传热需要而添加和拆除；管子能耐较高的压力且管内不易堵塞，便于清洗。又因套管的两个管径可适当选择，以使管内与环隙之间的流体呈湍流状态，传热效果好，并减小了垢层的形成。但因其接头较多，易泄漏，管的环隙清洗困难，所以环隙中的流体以水等无害介质或低压介质为宜。另外，该换热器单位传热面的金属消耗量大，约为列管式换热器的 5 倍，这种换热器适用于高压场合。

四、夹套式换热器

夹套式换热器是在容器的外壁安装有夹套，在夹套与器壁之间形成密闭的空间，为流体的通道，冷热流体的换热是通过容器的壁面进行，如图 4-30 所示。它的结构较简单，能在物料反应的同时进行换热，省去了另设换热设备的麻烦。加热时，蒸气由上进入，冷凝液由下管排出。冷却时，冷却水由下管进入，从上管排出。由于夹套传热面不大，夹套间隙较狭窄，流体流动速度不大，传热系数不高。多用于反应过程的加热或冷却。

五、平板式换热器

平板式换热器是一种新型高效换热设备，其结构如图 4-31 所示，是由许多较薄的金属

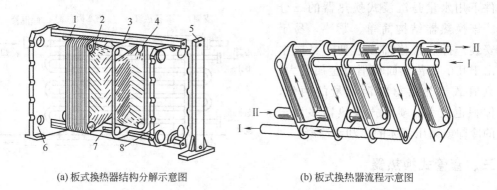

(a) 板式换热器结构分解示意图　　　　　(b) 板式换热器流程示意图

图 4-31　平板式换热器结构

1—上导杆；2—垫片；3—传热板片；4—角孔；5—前支柱；6—固定端板；7—下导杆；8—活动端板

板片平行排列而成，板的周边放置垫片，不仅起到密封作用，也使板与板之间形成一定间隙，从而构成流体通道。板角处的角孔起着连接通道的作用。上、下导杆可保证板片定位，通过端板将板片压紧。波纹板片材料一般为不锈钢、铜、铝、铝合金、钛、镍等。

板式换热器结构紧凑，单位体积的换热面积大。该换热器适应性强，可通过增减板片满足所需的传热面积。由于热量损失小，可用于平均温差只有 2℃ 左右的热量回收场合。由于板间隙（2～8mm）小，流体可以快速薄层通过，能精确控制换热温度，不会产生过热现象，可实现瞬时加热。特别适用于卫生条件要求高，对热有敏感性或黏度较大的流体。其缺点是：由于结构形式的限制，须采用橡胶密封垫，密封周边长，不易密封，承压能力低（≤2MPa），使用温度（≤180℃）受到垫片耐温性能的限制；流道小，易堵塞；流体阻力较大，处理量一般较小。

六、螺旋板式换热器

螺旋板式换热器是用两张平行的薄钢板卷成螺旋形而成，两边用盖板焊死，形成两条互不相通的螺旋形通道。冷热两流体以螺旋板为传热面进行逆流方式换热。两板之间焊有定距柱，以维护流道间距，同时也可增加螺旋板的刚度。在换热器的中心设有中心隔板，使两个螺旋形流道分隔开。在上、下两端焊有盖板（或封头）及两流体的出入口接管，如图 4-32 所示。一般有一对出口是设在圆周面上（接管可分为切向或径向的），而另一对则设在壳体的轴中心处。根据螺旋通道布置的不同及封盖形式，可分为三种结构，如图 4-32(a)、(b)、(c) 所示。

螺旋板式换热器的传热效率高，结构紧凑，体积小，能较准确地控制出口温度，能有效地利用低温热源，可靠性高，选材容易，制造简单，造价低。但操作压力和温度不能太高，操作压力一般≤2.0MPa，操作温度在 300～400℃ 以下；因为整个换热器是卷焊的一个整体，一旦发生中间泄漏或其他故障很难检修（甚至不能维修），因流道长，又受定距柱和螺旋流动的影响，流体阻力较大，在污垢沉积严重的场合下，不能使用。

七、热管式换热器

热管是一种高效的换热元件，其结构原理如图 4-33 所示，热管可以作为元件单独使用，也可以将数根热管组合而构成热管式换热器。

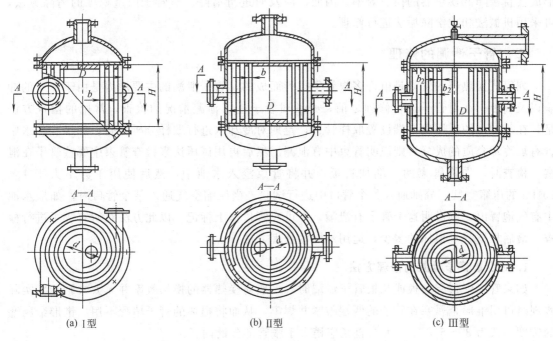

(a) I 型　　　　　(b) II 型　　　　　(c) III 型

图 4-32　螺旋板式换热器

在密闭真空的管子内壁镶套一层多孔毛细结构的吸液芯并浸满液相工质，即构成一热管。

在热管的受热段，管内工质从外界热源获得热量而蒸发或汽化，在管内蒸发段和凝结段之间形成压差，蒸气向凝结段移动凝结，释放出来的冷凝潜热由外界的冷介质吸收；凝结液（冷凝液）在吸液芯的毛细管作用下，重新返回蒸发段，实现工质的自动循环。热管式换热

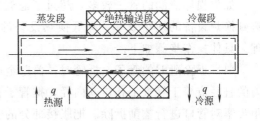

图 4-33　热管的示意图

器的壳体材料多数采用不锈钢、铼、钽、镍等金属材料，也可采用玻璃、陶瓷等，吸液芯的材料常用镍铬钢、钛、钽等，选择材料时，壳体、吸液芯和工质三者之间必须化学相容。

热管式换热器的导热性能好，并能在换热介质间温差较小的情况下进行换热。它的操作温度范围广，结构紧凑，流体阻力小，运行可靠，传热效率高，是一种很有发展前途的换热设备，特别是在能源开发与热能回收等气-气相换热领域中更显示出其优越性。

第五节　列管式换热器的维护检修

列管式换热器在使用过程中，容易发生故障的零件是管子。介质对管子的冲刷、腐蚀等作用都可能造成管子的损坏，因此应经常对换热器进行检查，以便及时发现故障，并采取相应的措施进行修理。列管式换热器最常见的故障有管壁积垢、管子泄漏和振动等。

一、管壁积垢的清除

在列管式换热器管子的内外壁上，由于介质的经常存在，很容易形成一层积垢。积垢的

形成会直接降低换热器的换热效率，因而，应及时进行清除。对管子内壁积垢的清除方法，可采用机械法和化学除垢法进行修理。

二、管子泄漏的修理

列管式换热器的管束是由许多根管子排列而成的，管子泄漏的主要原因是由于介质的冲刷以及腐蚀。在对管子进行修理之前，必须对管子进行泄漏情况的检查，常用的检查方法是，在冷却水的低压出口端设置取样管口，定期对冷却水进行取样分析化验。如果冷却水中含有被冷却介质的成分，则说明管束中有泄漏。然后再用试压法来检查管束中哪些管子在泄漏。检查时，先将管束的一端加盲板，并将管束浸入水池中，然后使用压力不大于 1×10^5 Pa 的压缩空气，分别通入各个管口中进行试验。当压缩空气通入某个管口时，如果水池中有气泡冒出，则说明这个管子有泄漏，即可在管口作上标记。以此方法对所有管子进行检查，最后根据管子损坏的多少，运用不同的修理方法。

1. 对少量管子泄漏的修理方法

如果管束中仅有一根或几根管子泄漏时，一般对换热器的换热效率并无太大影响，实际修理时可用锥形金属塞在管子的两端敲紧并焊牢，从而将损坏的管子堵死不用。锥形金属塞的锥度一般为 $3°\sim5°$，塞子大头直径应稍大于胀管部分的内径。

2. 对较多管子泄漏的修理方法

如果损坏泄漏的管子较多，超过了总管数的 10%，此时若采用堵塞法修理将会极大影响到换热设备的换热效率，降低换热设备的换热效果。因此应采用更换管子的方法进行修理。具体操作步骤如下。

（1）拆除泄漏的管子　拆管时，薄壁金属管可采用钻孔或铰孔的方法，操作时钻头或铰刀的直径应等于管板上孔口的内径，把管子在管板孔口内胀接金属切削掉，即可抽出。也可用尖錾对管口进行錾削拆除。把胀接部分的管口向里收缩，使管子与管板脱开。而对于壁厚较大管子，可用氧-乙炔火焰切割法。可先在胀接处切割出几条豁口，将管口向里敲击，使管子与管板上孔口脱开，然后用千斤顶或牵拉工具拉出，无论使用何种方法均不得损坏管板的孔口。

（2）更换新管并胀接　新管子插入管板后即可进行连接操作。常用的连接方法有胀接法和焊接法。

三、管子振动的修理

管子振动也是换热器常见故障的一种形式。其产生原因主要是由于管子与折流板间隙过大，加上介质脉冲性流动引起的。其后果会使管端连接处松动，使管子与折流板接触处产生磨损，从而导致泄漏，降低管子使用寿命。

对于管端处的松动，可用爆破连接的方法修理。管子与折流板之间间隙过大造成的振动具体视磨损程度采用不同方法修理。若管壁磨损严重，则应试更换新管。如果磨损轻微，应设法减小管子与折流板之间的间隙，如增加折流板数，或用楔子顶稳。

对于因介质脉冲流动引起振动，应从消除介质脉冲流动考虑，如设置缓冲器，使得介质流动平缓。

思　考　题

1. 什么叫换热器？换热器是如何进行分类的？
2. 间壁式换热器的种类和特点有哪些？
3. 传热的方式有哪几种，其传热机理如何？工业用换热方式有哪些？
4. 强化传热的措施有哪些？具体如何实行？
5. 列管式换热器按结构分为哪几种？各有什么特点？
6. 管子与管板的连接方式有哪几种？
7. 管板怎样与壳体连接？
8. 折流板有何作用？有哪些结构？它是如何安装的？
9. 管箱的作用及其结构形式有哪些？
10. 膨胀节的作用是什么？
11. 除列管式换热器外，还有哪些其他形式的换热器？它们的结构如何？各有什么特点？
12. 列管式换热器的常见故障有哪些？其检修方法怎样？

第五章 塔设备及传质基础知识

第一节 概　述

一、塔设备在化工生产中的作用和地位

塔设备是石油、化工、医药、轻工等生产中的重要设备之一。在塔设备内可进行气液两相间的充分接触，实施相间传质，因此在生产中常用塔设备进行精馏、吸收、解吸、气体的增湿及冷却等单元操作过程。

塔设备在生产过程中维持一定的压力、温度和规定的气、液流量等工艺条件，为单元操作提供了外部条件。塔设备的性能对产品质量、产量、生产能力和原材料的消耗，以及三废处理与环境保护等方面，都有重要的影响。

二、化工生产对塔设备的基本要求

由于传质过程的种类不同及生产工艺条件的差异，塔设备的结构类型也是千差万别的。除了应满足特定的化工工艺条件外，一般还需满足以下基本要求：

① 塔的结构必须能保证气液或液液两相充分接触，具有必要的传质、传热面积及两相分离空间，以使塔设备有较高的传质、传热效率；

② 塔的气液处理量大，即生产能力要大；

③ 为了便于操作，塔设备应具有较大的操作弹性，即气液负荷有较大波动时，塔设备仍能在较高的传质、传热效率下进行稳定的工作；

④ 为了节约能源和节省操作费用，塔设备内部流体流动的阻力要小，并尽量减少热量损失；

⑤ 塔设备的结构要简单，便于制造、安装和维护，使用周期长。

塔设备要同时达到上述各项要求是困难的，但要抓住主要矛盾，例如必须满足工艺要求，必须有足够的强度、刚度和稳定性，确保塔设备在各种载荷下，都能安全可靠地运行。

三、塔设备的分类和总体结构

在石油、化工生产中常用的塔设备大致分两类：填料塔和板式塔。

填料塔是一种最常用的气、液传质设备。它的结构比较简单，塔内装有填料，其作用是使向下流动的液体与向上逆流的气体在填料层中充分接触，达到传质的目的。填料塔造价低，阻力小，具有良好的耐腐蚀性能。

在石油、化工生产中，当生产量较大时，一般都采用板式塔，在板式塔中，塔内设有许多块塔盘，相邻两塔盘间有一定的距离，气、液两相传质就在塔板上进行。板式塔具有单位处理量大、分离效果好、重量轻、清理检修方便等特点。

塔设备的总体结构如图 5-1 所示，无论是填料塔还是板式塔，大体上都是由塔体、支座、人孔或手孔、除沫器、接管、吊柱及塔的内件等组成。

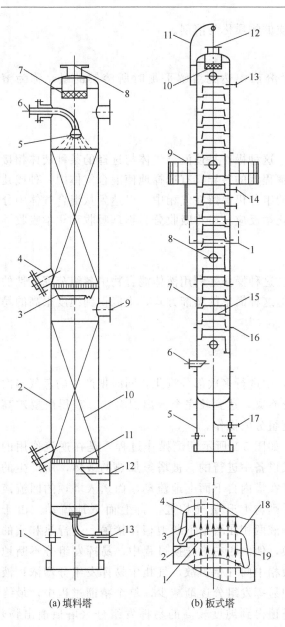

(a) 1—裙座；2—塔体；3—液体再分布器；4—斜料口；5—液体再分布器；6—液体进口；7—除沫器；8—气体出口；9—人孔；10—填料；11—栅板；12—气体进口；13—液体出口

(b) 1—塔盘板；2—受液盘；3—降液板；4—溢流堰；5—裙座；6—气体进口；7—塔体；8—人孔；9—扶梯平台；10—除沫器；11—吊柱；12—气体出口；13—回流管；14—进料管；15—塔盘；16—保温圈；17—出料管；18—液流；19—气流

(a) 填料塔　　(b) 板式塔

图 5-1　塔设备总体结构简图

第二节　传质基础知识

一、传质基本概念

1. 传质

物质从一相转到另一相的过程，称为传质过程。

2. 溶液

物质以分子或离子的状态均匀地分散到另一种物质里，而形成的均一、澄清、稳定的体系称为溶液。被溶解的物质叫溶质，溶解溶质的物质称为溶剂。

3. 溶解度

在一定的温度和压力下，物质在一定量溶剂中达到溶解平衡时所溶解的量，称为溶解度。

二、吸收

吸收是分离气体混合物的重要单元操作。这种操作是使混合气体与选择的某种液体相接触时，利用混合气体中各组分在该液体中溶解程度的差异，有选择地使混合气体中一种或几种组分溶于此液体而形成溶液，其他未溶解的组分仍保留在气相中，以达到从混合气体中分离出某些组分的目的。根据吸收过程中有无化学反应，可将吸收分为物理吸收和化学吸收。

三、蒸馏

蒸馏是分离液体混合物的典型单元操作。这种操作是利用液体混合物中各组分挥发性的不同，或沸点的不同使各组分得到分离的。但这种简单的蒸馏方式，不能得到纯度很高的易挥发组分。

四、精馏

精馏就是将液体混合物在传质设备（塔）中进行多次部分汽化，同时把产生的蒸气多次部分冷凝，达到较完全分离混合物，获得所要求高纯度组分的操作。

如图 5-2 所示精馏操作过程，是在逆流作用的塔式设备中进行的。被塔釜加热的液体，所产生的蒸气在塔内自下而上地流动，而送入塔顶的回流液体，则与上升蒸气相迎，自上而下地流动。由于气、液两相在塔中不断地相互接触，进行热和质的交换，使两相在热交换过程中，易挥发组分不断地从液相中向气相扩散，气相中易挥发组分增浓；液相中易挥发组分逐渐减少，整个精馏过程中，最终由塔顶得到纯度较高的易挥发组分（塔顶馏出物）的产品，由塔釜排出不易挥发的物质。

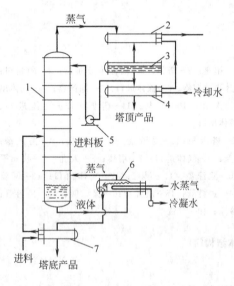

图 5-2 连续精馏流程
1—精馏塔；2—全凝器；3—储槽；4—冷凝器；
5—回流液泵；6—再沸器；7—原料预热器

五、萃取

用溶剂从混合物中提取某种物质的过程称为萃取。例如，在含碘的水溶液中加入四氯化碳并搅拌混合。由于碘在四氯化碳中的溶解度远大于它在水中的溶解度，所以大部分碘将从水溶液转入到四氯化碳有机溶剂中，这一过程就是萃取过程。

一般可将萃取操作分为液-液萃取和固-液萃取。按照萃取过程中两相的接触方式可分为级式接触和连续接触。如图 5-3 所示单级混合沉降槽。原料液和萃取剂进入混合器，在搅拌器作用下两相发生密切接触进行相际传质，然后流入沉降槽，经沉淀分离成萃取相和萃余相两个液层并分别排出。可按间歇式或连续式操作,以达到从原料液中分离出一定组分的目的。连续接触萃取则多在塔式设备中进行。如图 5-4 所示喷洒萃取塔进行时,料液与萃取剂中的较重者(称为重相)自塔顶加入,图中重相以连续相形式流至塔底排出;较轻者(称为轻相)则自塔底进入,经分布器分散成滴液自由上浮,并与重相接触进行传质。液滴上升到塔顶部后凝聚成液层,而自塔顶排出。在塔内两相呈逆流接触以达到分离原料液中某组分的要求。

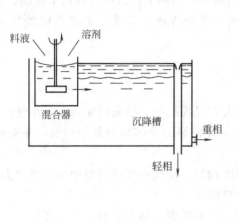

图 5-3 单级混合沉降槽

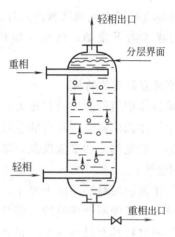

图 5-4 喷洒萃取塔

第三节 填 料 塔

填料塔具有结构简单、压力降小,且可用各种材料制造等优点。在处理容易产生泡沫物料以及用于真空操作时,有其独特的优越性。过去由于填料本体及塔内构件的不够完善,填料塔大多局限于处理腐蚀性介质或不适宜安装塔板的小直径塔。近年来由于填料塔结构的改进,新型的高效、高负荷填料的开发,既提高了塔的通过能力和分离效能,又保持了压力降小及性能稳定的特点,因此填料塔已被推广到所有大型气液操作中。在某些场合,还代替了传统的板式塔。随着对填料塔的研究和开发,性能优良的填料塔已大量地用于工业生产中。

一、填料塔的组成

填料塔由塔体(圆筒、端盖、连接法兰)、内件(填料、支承装置)、支座(裙座)、附件(人孔、进出料接管、各类仪表接管、液体和气体的分配装置及塔外扶梯、平台和保温层)等结构组成。

填料塔的塔体是由钢、陶瓷或塑料等材料制成的圆筒,塔内放置有一定高度的填料层,其下部有支承填料的栅板支承着填料,填料上方放置填料压板以防止填料受气流冲击振动而破碎。为保证液体喷淋均匀,在液体入口管处装有液体分布器,当填料层过高时,可将填料层分段安装,在段与段之间设有液体再分布器。

二、填料塔的工作原理

操作时,混合气自塔底下部进入塔内,经气体均匀分布装置,自下而上穿过填料的间隙，此时从塔顶进液管来的液体通过分布器自上而下沿填料层表面下流，气、液两相在填料表面进行连续逆流接触，从而达到传质的目的。最后液体从塔底引出，气体从塔上部引出。

三、填料塔的主要部件及结构

填料塔的主要部件包括填料、液体分布装置、填料的支承结构和接管等。

（一）填料

填料是填料塔中气液接触的元件，在填料塔中，由塔底进入的气体向上流动，由喷淋装置喷出的液体向下流动，两相在填料层接触，进行传质，因此，正确选用填料是十分重要的。

1. 填料应具有的特性

① 单位体积填料的表面积要大；

② 单位体积填料层所具有的空隙体积要大，以提高气、液通过能力和减小气体阻力；

③ 为了避免沟流和壁流现象，填料表面应有较好的液体均匀分布性能，并对吸收剂有较好的润湿性；

④ 气体通过填料层的阻力要小，且压力降均匀，使气体在填料层中均匀流动无死角；

⑤ 填料材料能耐介质腐蚀，即具有化学稳定性；

⑥ 填料材料具有足够强度，且来源广泛，价格低廉，制造容易，重量要轻。

2. 填料的种类

填料的分类方法多种多样，如根据塔内填料的放置方式可分为乱堆填料和整砌填料，根据填料材料的形状可分为实体填料和网体填料等，但这些分类也不是绝对的，有的填料既可以乱堆又可以整砌。现按填料结构分类，填料种类见表5-1。

表 5-1 填料种类

填料种类	图 例	特 点	缺 点	制作材料
拉西环		拉西环是外径和高度相等的空心圆柱体，在能满足机械强度要求的前提下，壁厚可尽量薄一些	内外表面不相贯通，不利于气液的流动和接触。参加传质的有效表面积不高，传质效率较低	陶瓷、金属或塑料
θ环十字环		比表面积较拉西环大，但压力降也较拉西环大	结构复杂，传质效率提高不大，压力降高，应用不多	陶瓷、金属或塑料
鲍尔环		提高了环内空间和环内表面的有效利用程度，使气体流动阻力大为降低，液体分布有改善。适用于真空的蒸馏操作	鲍尔环对液体再分布的性能较差，必须有良好的液体初始喷淋装置	金属
弧鞍形		对称的开放式弧状结构，比表面积大，具有良好的液体再分布性能	装填时易重叠，降低比表面积。开放式结构强度差，弧鞍填料应用不多	陶瓷

填料种类	图例	特　点	缺　点	制作材料
矩鞍形		保留了弧形结构,改变了扇形面形状,具有良好的液体再分布性能,填料之间基本上是点接触,装填时不易重叠,填料比表面积大且利用率高	开放式结构,其强度也较差	陶瓷或塑料
阶梯环	(a) 塑料阶梯环 (b) 金属阶梯环	一端为圆筒形鲍尔环,另一端则为喇叭口形,喇叭口改善了填料在塔内的堆砌情况,塔内填料基本上是点接触,使填料表面得到充分利用,增大了空隙率,降低了压力降,提高了传质效率	加工制作较复杂	金属、塑料
金属弧鞍		保留了鞍形填料的弧形结构,也保留了鲍尔环的环形结构和具有内弯叶片的小窗,刚度高,鞍环填料的全部表面能有效利用,并增加流体的湍动程度,具有良好的液体再分布性能。因此,它具有通过能力大、压力降低及填料层结构均匀的优点,适用于真空蒸馏操作	耐腐蚀差	金属
波纹填料	$A-A$ $5°$ H	由若干平行直立放置的波纹片组成的盘状装于塔内,结构紧凑,比表面积大,压力降较乱堆填料低,传质效率较高,可用于大型填料塔	当操作系统有固体析出,容易结垢,流体黏度大或不易清洗时,不宜选用波纹板填料	铅、不锈钢、黄铜、蒙乃尔合金、塑料、碳钢等
波纹网θ网环		比波纹填料的空隙率和比表面积大,其气通量更大,传质效率高,压力降低,操作弹性大;波纹网填料为难分离物体、热敏系物质及高纯度产品的精馏提供了有效的手段,特别适用于精密精馏和高真空精馏操作	同波纹填料	同波纹填料

（二）喷淋装置

　　为了使填料在操作时达到预期传质效果,保证任一截面上液体的均匀分布,因此在塔顶设置喷淋装置;为了使液体在塔顶的分布均匀,应尽量加大塔横截面上的喷淋点数。但由于结构的限制不可能将塔顶喷淋装置的喷淋点设计很多。对于常用填料,可根据塔的直径和塔的截面积设计喷淋点数。

喷淋装置还要求不易被堵塞，流体阻力尽可能小；结构简单，制造和检修方便等。

常见的结构形式有：喷洒型、溢流型和冲击型。

1. 喷洒型喷淋装置

喷洒型喷淋装置是利用孔口以上液层产生的静压或管路的泵送压力，使液体注入塔内。

喷洒型喷淋装置分为单孔式和多孔式，单孔式喷洒装置的结构如图 5-5 所示，它利用塔顶的进料管的出口或缺口直接喷洒料液，这种方法简单，但喷洒不均匀，只适用直径较小的填料塔。

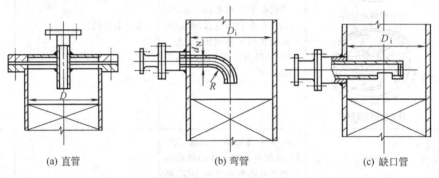

(a) 直管　　　　　　　　(b) 弯管　　　　　　　　(c) 缺口管

图 5-5　单孔式喷洒装置

多孔式喷洒装置液体分布均匀，并有足够大的气体通道，可制成分段可拆结构。但这种装置的喷淋小孔易被堵塞和冲蚀，因此常用在不含固体颗粒的清洁料液处理中，同时管路中还需设置管道过滤器。

多孔式喷淋装置也有许多形式，常用的有如下几种。

（1）排管式分布器　排管式分布器按液体进入分布器的方式分有两种：一种是液体由水平主管的一侧或两侧流入，通过支管上的小孔喷洒在填料上，如图 5-6 所示；另一种是由垂直的中心管流入经水平主管通过支管上小孔喷淋，如图 5-7 所示。

排管分布器的支管数和小孔数由液体负荷确定，小孔直径一般为 3～5mm，最小不得小于 2mm，以免小孔堵塞。每根支管上可开 1～3 排小孔，小孔中心线与垂线的夹角应满足各股液体达到填料表面时尽量均匀分布的要求，一般取为 15°、22.5°、30°或 45°。排管式分布器一般设计成可拆式结构，以便通过人孔进行安装。

对于直径较大的填料塔采用排管分布器时，应注意流体阻力造成各支管喷液量的不均衡，设计时应注意校正。这种分布器操作弹性小，适用于最大与最小流量之比不超过 2.5 的场合。

（2）莲蓬头式分布器　莲蓬头式分布器的结构如图 5-8 所示。莲蓬头是开有许多小孔的球面，液体在管道静压作用下经小孔喷洒在填料上，喷洒半径随液体静压和分布器高度不同而变化。

当液体静压力稳定时，液体分布较为均匀，但莲蓬头分布器小孔易堵塞，不适用含有固体颗粒的液体；当液体负荷改变时，其静压发生变化，必然改变喷洒半径而影响液体的均匀分布。

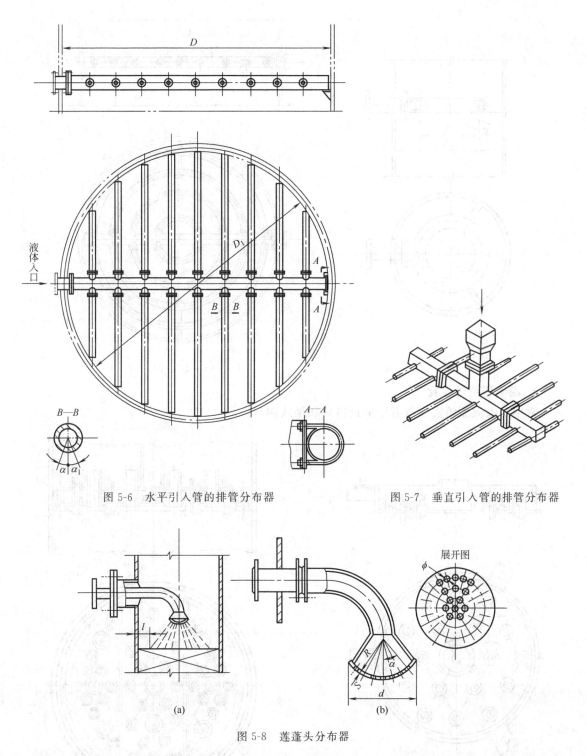

图 5-6　水平引入管的排管分布器　　　　　图 5-7　垂直引入管的排管分布器

图 5-8　莲蓬头分布器

（3）环管式分布器　环管式分布器与排管式分布器类似，按照塔径及液体均布要求，可采用单环管分布器（见图 5-9）或多环管分布器（见图 5-10），其小孔直径 3～8mm，最外层环管的中心直径一般取塔内径 60%～80%。这种分布器结构简单，制造安装方便，但喷洒不够均匀，且要求液体清洁不含固体颗粒。

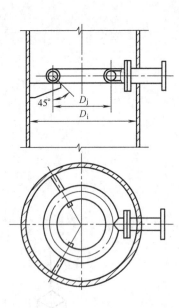

图 5-9 单环管分布器

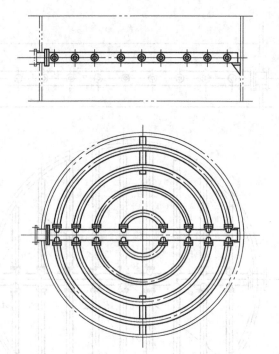

图 5-10 多环管分布器

2. 溢流型喷淋装置

常用的溢流型喷淋装置有中央进料式和槽式两种。

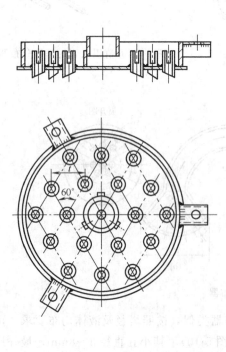

图 5-11 中央进料的盘式分布器

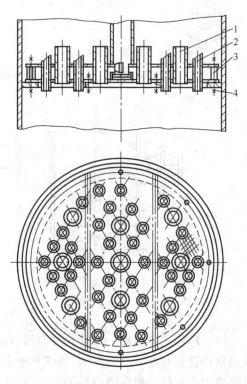

图 5-12 有升气管盘式分布器

1—升气管；2—降液管；3—定距管；4—螺栓螺母

中央进料的盘式分布器，其结构如图 5-11 所示。液体通过进料管加到喷淋盘内，然后，从喷淋盘内的降液管溢流，喷洒到填料上，降液管一般按等边三角形排列，焊接或胀接在喷淋盘的分布板上。为了减少降液管上缘不够水平时液流的不均匀，通常把管口加工成凹槽或齿形，有时也将管口斜切（见图 5-12），分布盘上还应钻有直径约 3mm 的泪孔，以便停工时排尽液体。溢流型盘式分布器可用金属、塑料或陶瓷制造，分布盘内直径约为塔内径的 80%～85%，且须保留有 8～12mm 间隙，这种分布盘适用于气液负荷较小，直径不超过 1200mm 的填料塔。

溢流型槽式分布器（见图 5-13）由若干个喷淋槽及置于其上的分配槽组成。喷淋槽两侧开有矩形或三角形堰口，各堰口的下缘位于同一水平面上。槽式分布器采用金属、塑料或陶瓷制成，它不易堵塞，可处理含有固体颗粒的介质，特别适用于大负荷操作，通常用于直径大于 1000mm 的填料塔。

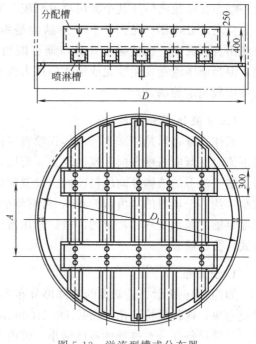

图 5-13　溢流型槽式分布器

3. 冲击型喷淋装置

冲击型喷淋装置常用的有反射板式分布器和宝塔式分布器。

反射板式分布器的结构如图 5-14 所示。液体在静压作用下由管内流出，冲击到反射板上向四周飞溅，达到均匀喷淋填料的目的。反射板有平圆板、凸球板及锥体等形状，其上钻

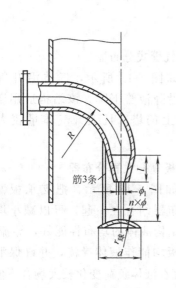

图 5-14　反射板式分布器

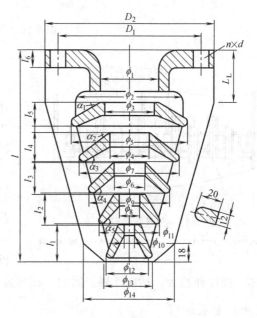

图 5-15　宝塔式分布器

有一些小孔以便液体从其中流出喷淋到板下的填料表面上。

宝塔式分布器（见图 5-15）的结构是由几个半径不同的圆锥形反射板分层叠落而成。液体由各层流出，比反射板式分布器更能均匀地喷淋在填料上，它的喷淋半径大，不易堵塞，但当液体流量发生变化或液体静压力改变时，喷淋半径也随之改变，因此它适用于操作条件比较稳定的场合。

（三）液体再分布器

液体再分布器是用来改善液体在填料层内的壁流效应的，所谓壁流效应，即液体沿填料层下流时逐渐向塔壁方向汇流的现象。所以，每隔一定高度的填料层就设置一个再分布器，将沿塔壁流下的液体导向填料层内。设置液体分布器时，必须考虑再分布器的自由截面不能过小（约等于填料的自由截面积），否则将会使压降增加过大；同时要求结构简单便于拆装，强度足够，能承受气、液流的冲击。常用液体再分布器有分布锥、升气管式分布器、斜板复合式再分布器等。

1. 分布锥

如图 5-16 所示，是常用的液体再分布器结构。其作用是将沿壁流下的液体用分布锥再导至中央，这种结构适用于塔径 $D_i < 1000mm$ 的小塔，圆锥直径一般为 $(0.7 \sim 0.8)D_i$。其缺点是使设备在分布锥处的截面缩小，锥内气体流动受到扰动，压力降较大。

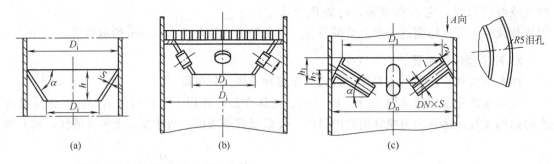

(a)　　　　　　(b)　　　　　　(c)

图 5-16　分布锥

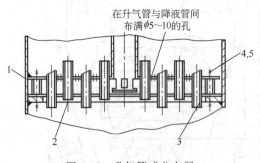

图 5-17　升气管式分布器

1—定距管；2—升气管；3—降液管；4,5—螺栓、螺母

2. 升气管式分布器

结构如图 5-17 所示，气体沿升气管上升，液体沿降液管下降。该结构适用于直径 800mm 以上的塔，且上升气体量较大时的场合。

3. 斜板复合式再分布器

结构如图 5-18 所示，把支承板、收集器、再分布器结合在一起，可以减小塔的高度。这种结构液体的均布性能好，导流-集液板的上下板均能作液体导流，并确保汇集全部液体，操作弹性大，适应性好。因此，该装置特别适宜在液体负荷变化较大场合下使用。

（四）支承板

填料的支承结构不仅要承受湿填料的全部载荷，而且要使上升的气体能够顺利通过，因

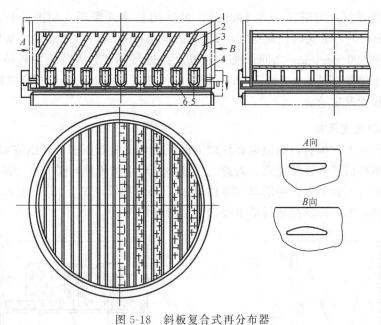

图 5-18　斜板复合式再分布器

1—支承栅板；2—导流集液板；3—圆角；4—环形槽；5—分布槽；6—溢流管

此，不但要求支承板有足够的强度和刚度，而且要有足够的自由截面积，使支承处不致首先发生液泛，常用的支承结构有栅板、气体喷射式支承板等。

1. 栅板

在工业填料塔中常采用栅板支承结构，如图 5-19 所示。栅板由竖立多根扁钢制成，其

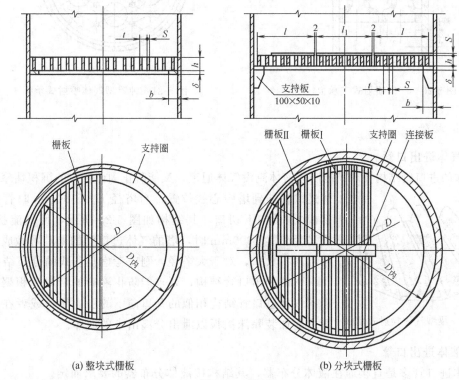

(a) 整块式栅板　　　(b) 分块式栅板

图 5-19　栅板

结构简单，制造方便。当塔径 $D_i \leqslant 500\mathrm{mm}$，可采用整体式栅板，如图 5-19（a）所示；当 $D_i = 600 \sim 800\mathrm{mm}$ 时可分为两块制造安装；当 $D_i \geqslant 900\mathrm{mm}$ 时，可制造多块如图 5-19（b）所示，每块宽度在 $300 \sim 400\mathrm{mm}$ 之间，便于通过人孔进行拆装。为防止填料掉落，各栅板条的间隙应不大于填料直径的 $0.6 \sim 0.8$ 倍，栅板的流通截面等于或大于所装填料的自由截面，以免在支承栅板处发生液泛。

2. 气体喷射式支承板

对于空隙率较大的填料，相应地必须增大栅板的自由横截面积，其结构如图 5-20 所示，它对气体和液体提供了不同的通道，既避免了液体在板上的积累，又有利于液体的均匀再分配。这种结构又有两种类型：钟罩型（见图 5-21）和梁型（见图 5-22）。梁型在强度与空隙率方面都强于钟罩型，在新型填料塔中普遍采用梁型结构。

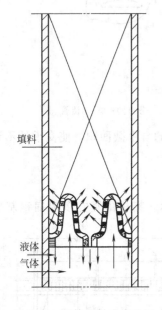

图 5-20　气体喷射式支承板

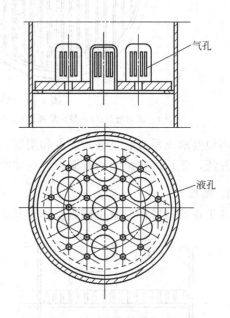

图 5-21　钟罩型气体喷射式承板

（五）接管

1. 气体进出口管

气体的进口管结构要求既能防止液体淹没气体通道，又能防止固体颗粒的沉积堵塞。故气体进口管伸到塔中心线位置，当塔径 $D_i < 500\mathrm{mm}$ 时管的末端切成 $45°$ 的向下切口，其结构如图 5-23 所示，使气流折向上。当塔径 $D_i > 1500\mathrm{mm}$ 时，塔的气体进口管的末端可做成向下的喇叭形扩大口，对于大塔径，则应考虑盘管式的分布结构。

图 5-22　梁型气体喷射式承板

气体的出口管结构，要求能防止液滴的带出和积聚，可采用同气体进口管结构相似的开口向下的引出管；或者在出口接管之前加装除沫挡板以泄出分离出来的液体。

2. 液体进出口管

液体进口管多是直接通往液体分布器，其结构按液体分布器的要求而定。

当塔的直径不超过 800mm 时，且采用金属填料。塔底出液管可采用图 5-24 所示结构。在制造过程中分为法兰短节和弯管段两部分，在安装时，先将弯管焊在封头上，检验焊接接头合格后，再将裙座与封头焊接，最后将法兰短节焊在弯管段上。如果塔径大于 800mm 且采用金属填料时，塔底出液管采用图 5-25 所示结构。

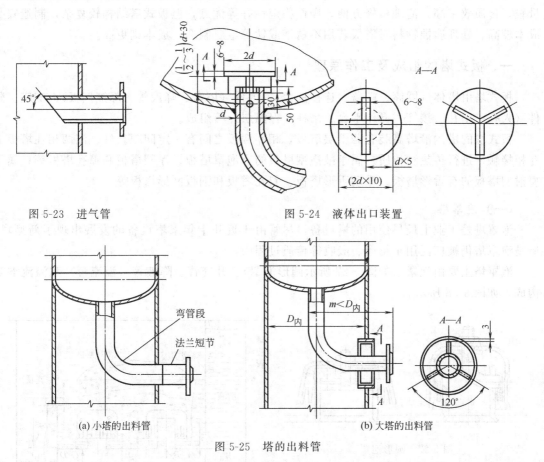

图 5-23　进气管

图 5-24　液体出口装置

图 5-25　塔的出料管

(a) 小塔的出料管

(b) 大塔的出料管

填料塔采用瓷环填料时，出液管要考虑防止破碎瓷环的堵塞和清理问题，通常采用效果较好的图 5-26 所示结构。

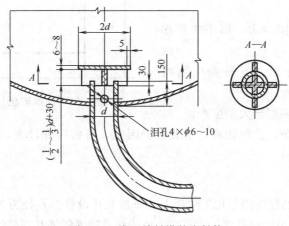

图 5-26　瓷环填料塔的出料管

第四节 板 式 塔

塔内装有一定数量塔板的塔称为板式塔。与填料塔相比，板式塔具有物理处理量大，重量轻，传质效率高，清理检修方便，操作稳定性好等优点，但板式塔结构较复杂，制造安装成本较高，处理腐蚀物料时塔板若用不锈钢或钛等金属制造，成本则更高。

一、板式塔的组成及工作原理

板式塔由塔体（圆筒、端盖、连接法兰）、内件（塔盘、降液管、降液挡板）、支座、附件（人孔、手孔、接管、操作平台、吊柱、保温层）等组成。

板式塔的塔内沿塔高装有若干层塔板，相邻两板之间有一定间距。气、液两相在塔板上互相接触，进行传热和传质。属于鼓泡型塔板的有泡罩塔板、浮阀塔板和筛孔塔板等；属于喷射型塔板的有舌形塔板、浮动舌形塔板、斜孔塔板和钢板网形塔板等。

（一）泡罩塔

泡罩塔是工业上最早使用的塔设备，尽管由于近几十年来塔设备的发展出现了新型塔，但是泡罩塔仍被广泛用于精馏、吸收等传质过程中。

泡罩塔主要由泡罩（如图 5-27 所示圆形泡罩）、升气管、降液管（溢流管）和溢流堰等构成，如图 5-28 所示。

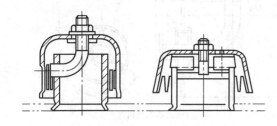

图 5-27 圆形泡罩

泡罩塔具有如下特点：

① 气液两相接触比较充分，传质效果较好，塔板效率较高；

② 气液比波动范围较大，即塔的操作弹性较大，便于操作；

③ 适用于多种介质，不易发生堵塞现象；

④ 生产能力大，多用于大型生产；

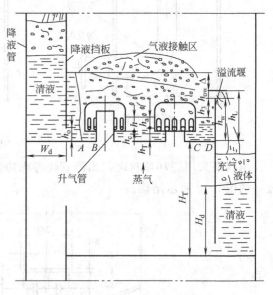

图 5-28 泡罩塔盘上气液接触状况

⑤ 泡罩塔结构复杂，造价较高，安装维护困难，塔板压降较大，这些因素限制了其应用范围。

（二）筛板塔

筛板塔在 19 世纪已经应用于化工生产上。塔板上开设许多直径为 3～8mm 的筛孔，并作正三角形排列。塔盘上分为筛孔区、无孔区、溢流堰及降液管等几部分组成，如图 5-29 所示。

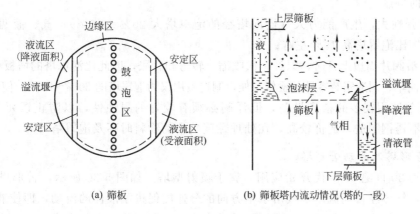

(a) 筛板　　　　　　　　　(b) 筛板塔内流动情况(塔的一段)

图 5-29　筛板塔结构示意图

筛板塔具有如下特点：

① 筛板塔的塔板效率比泡罩塔高 15％左右，生产处理能力比泡罩塔大 10％~15％，塔板压力降比泡罩塔低 30％左右；

② 筛孔小，加工麻烦，操作时易被固相杂质堵塞，筛孔堵塞后塔的效率低；筛孔大，易发生泄漏，使操作弹性下降；

③ 结构简单，制造维修方便，金属消耗量比泡罩塔少，造价约为泡罩塔的 60％；

④ 筛板孔易被堵塞，因而不适用于处理黏性大和固体颗粒的物料。

（三）浮阀塔

浮阀塔塔板其结构与泡罩塔板相似，只是用浮阀代替了升气管和泡罩，它是目前应用最广泛的一种塔板形式。浮阀如表 5-2 所示。

浮阀塔的浮阀类型很多，常用的由盘形浮阀和条形浮阀，目前盘形浮阀使用最为广泛。如表 5-2 所示的 V-1 和 V-4 型，其中 V-1 型浮阀较广泛。

表 5-2　浮阀形式

形式	F1 型(V-1 型)	V-4 型	V-6 型
简图			
特点	①结构简单，制作方便，省材料 ②有轻阀(25g)，重阀(33g)两种，我国已有标准(JB 1118—68)	①阀孔为文丘里型，阻力小，适于减压系统 ②只有一种轻阀(25g)	①操作弹性范围很大，适于中型试验装置和多种作业的塔 ②结构复杂，质量大，阀重为 52g
形式	十字架型	A 型	V-0 型
简图			
特点	①性能与 V-1 型无显著区别 ②处理易结垢或易聚合物料效果较好 ③制造与安装较复杂	①性能及用途同 V-1 型，但结构较复杂 ②国外有做成多型的	塔板本身冲制成，节省材料

浮阀塔的特点：

① 操作弹性大，生产能力大（比同塔径的泡罩塔大 20%～40%）；气、液两相接触充分，塔板效率比泡罩塔高 15% 左右；

② 气体沿阀片周边上升时，只经一次收缩、转弯和膨胀，因此比泡罩塔的塔板压力降小；

③ 结构简单、制造安装容易；检修方便，制造费用仅为泡罩塔的 60%～80%，使用周期长；

④ 是目前使用较多的精馏设备，但浮阀必须有较好的耐蚀性，以防止锈死在塔板上，为此一般用不锈钢制造，造价较高，在处理黏度较大的物料时不及泡罩塔可靠。

（四）舌形塔及浮动舌形塔

舌形塔于 20 世纪 60 年代开始应用，属于喷射型塔。如图 5-30 所示，舌形塔的塔盘上开有舌形孔，气体经舌孔流出，其沿水平方向的分速度促进了液体的流动，即使液体处理量大也不会出现大的液面落差。因气液两相是并流流动，所以雾沫夹带大大减少，当通过舌孔气速提高到某一数值时，塔盘上液体受气流喷射而形成片状和滴状，加大了气液接触的面积。与泡罩塔相比，舌形塔有如下特点：

① 塔盘上液层较薄，持液量小，压力降仅为泡罩塔的 33%～35%；

② 塔盘上液体落差小，气液接触面积较大，生产处理能力大；

③ 塔盘结构简单，安装维护方便，且钢材用量较泡罩塔少 12%～45%，但舌形塔操作弹性小塔板效率不高，其使用范围受到了一定限制。

浮动舌形塔盘是舌形塔盘的改进型，是一种新型的喷射式塔盘，其结构如图 5-31 所示，它综合了固定舌片及浮阀的结构特点，浮动舌形塔既具有舌形塔压降低，生产处理量大，雾沫夹带小的优点，又具有浮阀效率高，稳定性和操作弹性大的优点。但浮动舌片易损坏。

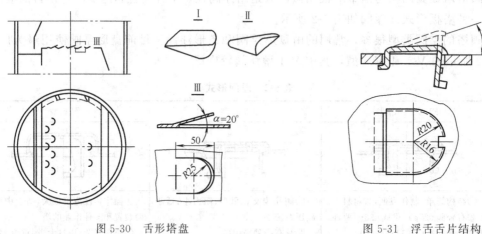

图 5-30 舌形塔盘　　　　　　　　　　　　　　　图 5-31 浮舌舌片结构

二、板式塔的结构及主要部件

（一）塔盘结构

塔盘是板式塔完成传热、传质过程的主要部分，它包括塔盘板、溢流堰、降液管（板）、受液盘、塔盘支承等几部分。

塔盘结构要求有一定的刚度，以保持塔盘的水平度；塔盘与塔壁之间要求有一定的密封，以防止气、液短路；塔盘还应便于制造、安装和维修，成本要低。

塔盘分为整块式和分块式两种，当塔径小于 900mm 以下时采用整块式塔盘；当塔径大于 900mm 以上时，采用分块式塔盘；塔径在 800～900mm 之间时，可视制造与安装的具体情况，任选上述两种结构。

1. 整块式塔盘

为了便于安装和检修，有些塔的塔体由若干个塔节组成，每个塔节安装若干层塔盘，塔节之间用法兰连接，如图 5-32 所示。

（1）整块式塔盘　整块式塔盘由整块式塔盘板、塔盘圈和带溢流堰的降液管组成。塔盘板的结构形式有两种，一种是角焊结构，一种是翻边结构，如图 5-33 所示。角焊结构如图 5-33(a)、(b) 所示，是将塔盘圈焊接在塔盘板上。这种塔盘制造方便，但应采取措施，以减少因焊接变形而引起的塔板不平。翻边结构如图 5-33(c)、(d) 所示，塔盘圈直接由塔盘板翻边而成，因此可避免焊接变形，当直边较短和制造条件许可时，可整体冲压，如图 5-33(c) 所示，否则另作一个塔盘圈与塔盘板对接，如图 5-33(d) 所示。塔盘圈高度不得低于溢流堰高度。

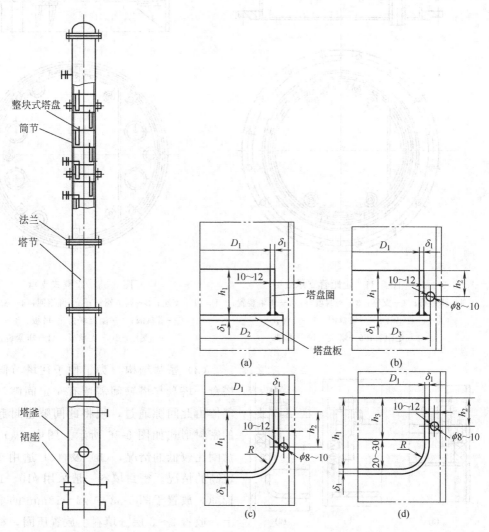

图 5-32　带有整块式塔盘的板式塔总体结构简图　　　图 5-33　整块式塔盘板结构

97

（2）塔盘的支承结构　有定距管支承（见图 5-34）和重叠式支承（见图 5-35）。当塔节长度≤800mm 时，采用定距管支承结构，定距管的作用是支承塔盘和保持塔盘之间的间距，即用拉杆和定距管将塔盘紧固在塔节内的支座上。重叠式支承的结构是在每一塔节下面焊有一组支承，底层塔盘安置在支座上，然后依次装入上一层塔盘，塔盘间距由在塔盘下的支柱保证，并用调节螺钉调整水平。

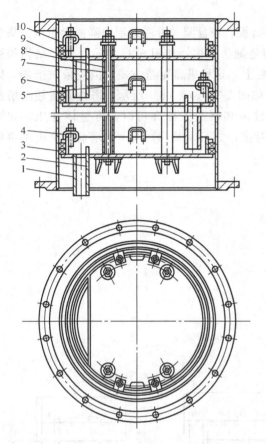

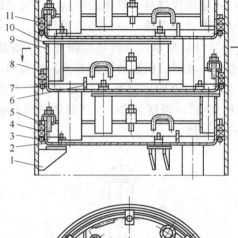

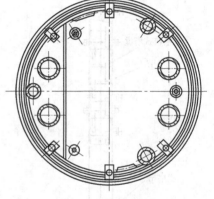

图 5-34　定距管支承
1—降液管；2—支座；3—密封填料；4—压紧装置；
5—吊耳；6—塔盘圈；7—拉杆；
8—定距管；9—塔板；10—压圈

图 5-35　重叠式支承
1—支座；2—调节螺钉；3—圆钢圈；4—密封填料；
5—塔盘圈；6—溢流堰；7—塔板；8—压圈；
9—支柱；10—支承板；11—压紧装置

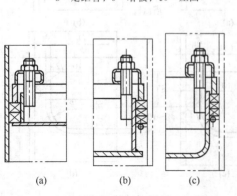

（a）　　　　（b）　　　　（c）

图 5-36　整块式塔盘与塔壁的密封装置

（3）密封结构　为了便于往塔节筒体内安装塔盘，塔盘与塔壁间需留有一定间隙，为了防止气体由此间隙通过，须将此间隙密封起来。常用的密封形式如图 5-36 所示。图中（a）适用于塔盘圈比较低的情况，（b）及（c）适用于塔盘圈比较高的情况。密封填料一般采用 $\phi10\sim12mm$ 的石棉绳，放置于图 5-33 中 $\phi8\sim10mm$ 的填料支承圈上，放置 2～3 层。填料上放置压圈，材料与塔板相同。每个压圈焊有两个吊耳，便于拆卸。再在

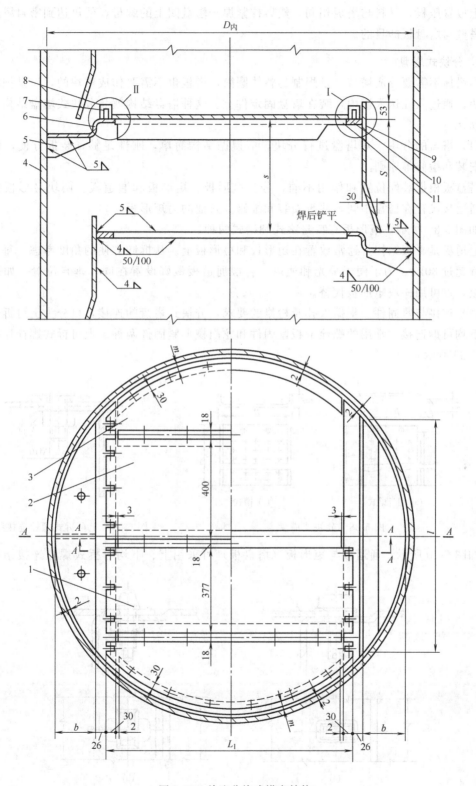

图 5-37　单流分块式塔盘结构

1—矩形板；2—通道板；3—弓形板；4—塔体；5—筋板；6—受液盘；
7—楔子；8—龙门铁；9—降液板；10—支持板；11—支持圈

压圈上放置压板，材料与塔板相同，然后拧紧焊于塔盘圈上的螺母，便可达到密封塔盘与塔壁、塔壁与塔盘板的目的。

2. 分块式塔盘

当塔体不需要分成塔节，是焊制的整体圆筒，塔板也不需要作成整块的，而是把塔板分成数块，通过人孔送入塔内，装在塔盘固定件上。这种塔盘结构就是分块式塔盘结构。如图5-37所示。

（1）塔盘的分块　对塔盘进行分块，应遵循结构简单，刚性足够，装拆方便，便于制造、安装和检修等原则。

塔盘板根据装配位置和作用不同，分为弓形板、矩形板和通道板。两块弓形板靠近塔壁；通道板设置在塔盘中间，便于安装和维修。其他的为矩形板。

如图5-38所示，矩形板有自身梁式和槽式两种。

通道板是平板结构，通常放置在矩形板和弓形板上。从拆卸方便的角度考虑，每块通道板不宜超过30kg。为了便于采光和通风，各层通道板最好设置在同一垂直位置。如果不设通道板，也可用一块矩形板代替。

（2）连接与紧固件　根据人孔及检修的要求，分块式塔盘的连接，可分为上可拆连接和上、下均可拆连接。常用的螺栓卡板紧固件和龙门楔形紧固件两种。上可拆式螺栓连接结构如图5-39所示。

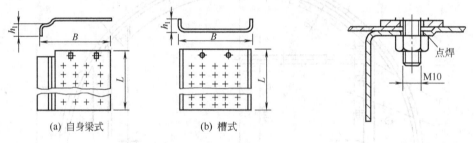

(a) 自身梁式	(b) 槽式	

图 5-38　分块式塔盘　　　　　　图 5-39　上可拆式螺栓连接结构

如图5-40所示，通道板与矩形板（塔盘板）可采用上、下均可拆式螺栓连接结构。螺

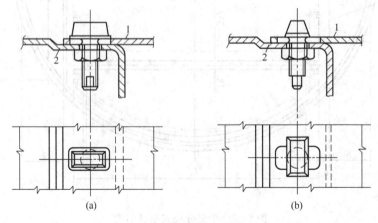

图 5-40　上、下均可拆式螺栓连接结构

1—通道板；2—塔盘板（矩形板）

栓头制成带圆角的矩形，通道板上开有带圆角的矩形孔，其尺寸略大于螺栓头的尺寸，当螺栓头的位置与通道板的矩形孔位置一致时，就可安装和拆卸通道板，如图5-40(a)所示，当拧紧螺母把螺栓旋转90°夹角时，通道板就处于图5-40(b)所示的装配位置。

如图5-41所示，矩形板与支持板之间可采用龙门楔形紧固件连接。龙门铁焊在支持板上，将矩形板上的开槽对准龙门铁进行放置，用手锤将楔子打入龙门铁的开孔中，将矩形板压紧在支持板上，将楔子大端与龙门铁点焊可以防止松动。拆卸时，用手锤轻敲楔子小端即可打出。

弓形板和支持圈可采用图5-42所示的楔形板紧固连接结构。安装时，先放好弓形板与矩形板，再在安装位置焊上卡板，然后将楔子打入卡板开口中，使楔子将弓形板压紧在支持圈上。

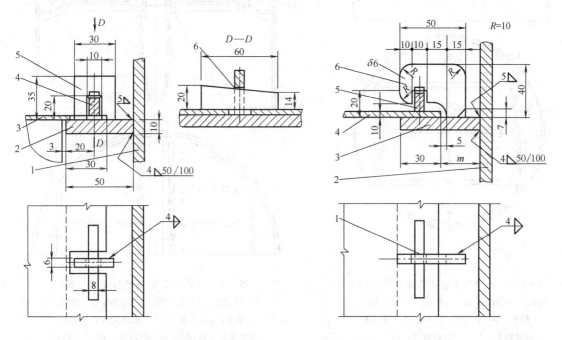

图5-41　矩形板与支持板的楔形紧固件连接
1—降液管；2—支持板；3—塔板；
4—楔子；5—龙门铁；6—点焊处

图5-42　弓形板与支持圈的楔形紧固件连接
1—点焊处；2—塔体；3—支持圈；
4—弓形板；5—楔子；6—卡板

用螺栓紧固件连接的方法，紧固件加工量大，拆装麻烦。为了避免因螺栓腐蚀生锈引起拆卸困难，一般要求螺栓用铬钢和镍铬不锈钢制造。而楔形紧固件的结构简单，装拆迅速，对材料无特殊要求，故造价低。

（3）大型塔盘的支承　对于直径小于2000mm的塔，塔盘一般用焊在塔壁上的支承圈支承。由于塔盘板的直径较小，本身刚度足够，不需要支承梁。支承圈一般用扁钢、角钢煨制而成，或用钢板切成圆弧形焊成。如图5-43所示。

对于直径大于2000mm的塔，由于塔盘分快的跨度较大，刚度可能不够，会使塔盘的挠度超过规定的范围，因此必须采用支承梁支承，缩短塔盘分快的跨度，如图5-44所示，将长度较小的分块塔盘一端放在支承圈上，另一端放在支承梁上。

3. 降液管及受液盘

（1）降液管　降液管的作用是将进入其内的含有气泡的液体进行气液分离，使清液进入下一层塔盘。一般采用圆形和弓形，如图5-45所示。

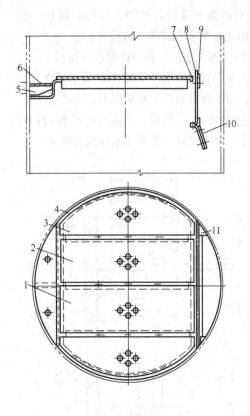

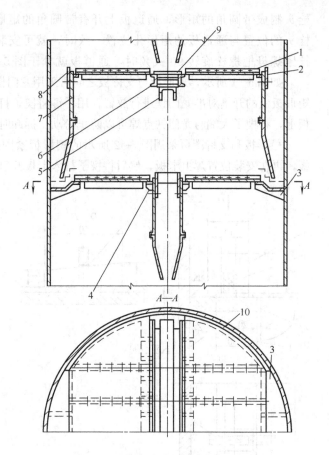

图 5-43 φ1600 单溢流塔盘支承结构

1,2—矩形板；3—弓形板；4—支承圈；
5—筋板；6—受液盘；7—板；8—降液板；
9—可调堰板；10—可拆降液管；11—连接板

图 5-44 φ3400 双溢流塔盘支承结构

1—塔盘板；2—支持板；3—筋板；4—压板；
5—支座；6—主梁；7—两侧降液板；8—可调
节的溢流堰板；9—中心降液板；10—支持圈

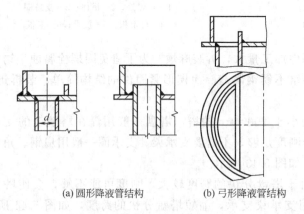

(a) 圆形降液管结构　　(b) 弓形降液管结构

图 5-45　降液管

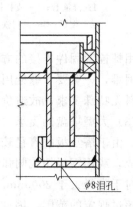

图 5-46　弓形降液管的液封槽

　　圆形降液管通常在液体负荷（或塔径）较小时采用，视具体情况可采用一根或数根圆形或长圆形降液管。

　　弓形降液管将溢流堰板及塔壁之间的全部截面作降液面积。弓形降液管适用于大液量、大直径的塔，对于整块式塔盘的小直径塔，当要求有最大降液面积时，也采用此种降液管。

为防止气体从降液管底部窜入，降液管必须设液封槽，液封槽的底部开有直径为 8mm 的泪孔，其目的是在检修时，将槽内残存液体由泪孔流净。如图 5-46 所示。

（2）受液盘　受液盘由平板形和凹形两种结构形式。对于易聚合的物料，为避免在塔盘上形成死角，应采用平行受液盘，如图 5-47 所示。为保证液封，一般多采用凹形，因凹形受液盘不仅可以缓冲降液管流下的液体冲击，减小因冲击而造成的液体飞溅，而且当回流量很小时也具有较好的液封作用，同时能使回流液均匀地流入塔盘的鼓泡区。凹形受液盘其上也开 2～3 个泪孔，检修时可使液体流净。

（二）接管结构

1. 气体进料口

进口管安装在塔盘间的蒸气空间。一般将进气口做成斜切口，以改善气体分布或采用较大管径使其流速降低，达到使气体均布的目的。如图 5-48(a) 所示。当塔径较大进气要求均匀时一般采用图 5-48(b) 所示结构的进气管。

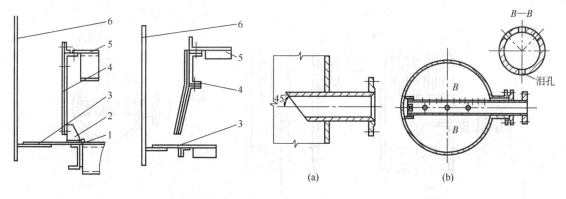

图 5-47　可拆式平型受液盘

1—入口堰；2—支承筋；3—受液盘；
4—降液盘；5—塔板；6—塔壁

图 5-48　气体进料口

2. 气液混合进料口

当进塔液料为气液混合液时，采用（见图 5-49）切向进料管，当气液混合物由切向进料管进塔后，沿上下导向挡板流动，经离心分离，液体向下、气体向上。因切向进入，塔壁不受冲击。

3. 液体进料口

液体进料，直接引入加料板。板上设置进口堰，使加入液体均匀地分布在塔板上，避免因进料泵和控制阀所引起的波动影响，如图 5-50 所示。

4. 出料管

塔底出料管参考填料塔接管内容。塔顶出料管如图 5-51 所示，为减小压降，避免夹带液滴，有时可在出口

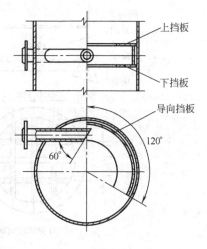

图 5-49　切向进料管

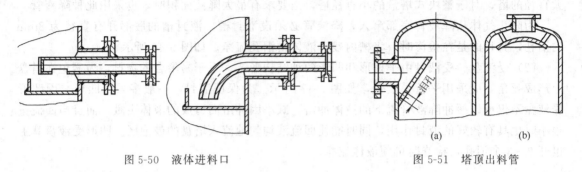

图 5-50　液体进料口　　　　　　　　　图 5-51　塔顶出料管

设置挡板或除沫器。

（三）除沫装置

除沫装置用以分离塔中气体夹带的液滴，以减少液体夹带，提高气体纯度，从而保证效率，改善操作，常用的除沫器有折板式和丝网式。

折板式除沫器是一种最简单有效的结构，它是由角钢组成，折板间距为 25mm，如图 5-52 所

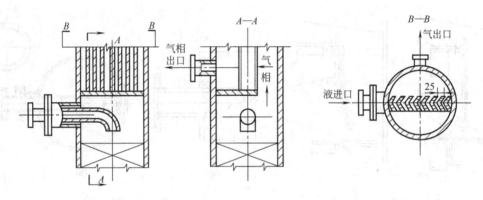

图 5-52　折板式除沫器

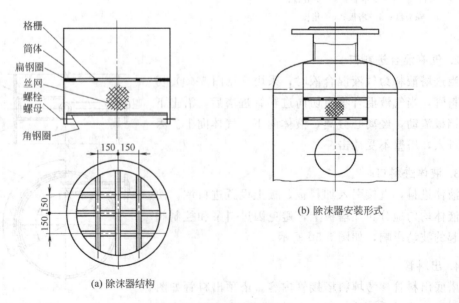

(a) 除沫器结构

(b) 除沫器安装形式

图 5-53　丝网式除沫器

示。该除沫器耗用金属材料多，造价高，对大塔尤为明显，故逐渐为丝网式除沫器代替。

丝网式除沫器是一种高效除沫器，除沫效率可达 99%，在生产中广泛应用，如图 5-53 所示。除沫器的丝网，多用 40～100 标准形丝网，丝网宽度为 100mm。丝网材料为镀锌铁丝和不锈钢、尼龙或聚四氟乙烯等。

丝网除沫器适用于洁净的气体，当气、液中含有黏结物时，易堵塞网孔，不宜采用。

第五节　其他塔设备

为了实现萃取过程中液-液之间两相之间的物质传递，萃取设备应能使萃取剂与混合液能充分地接触并伴有较高程度的湍动，从而获得较高的传质效率；同时也应较完善地分离萃取相和萃余相。所以萃取设备应具有充分混合与完全分离的能力。

一、折流板式萃取塔

折流板式萃取塔内装有许多层水平折流板，如图 5-54 所示。折流板的作用是改变两液相的流动方向，以增加两相之间的接触面积。在图 5-54(a) 中塔内液体的流动方向是从折流板的一侧流向另一层折流板的缺口边缘。图 5-54(b) 中，液体的流动方向是从折流板的中心流向边缘，然后再由边缘流向中心。萃取剂与被处理的混合液进、出口位置是根据两者密度不同而定。密度大者（重液相）由塔顶进入，由下部排出；密度小者（轻液相）则由塔下部进入，由上部排出。

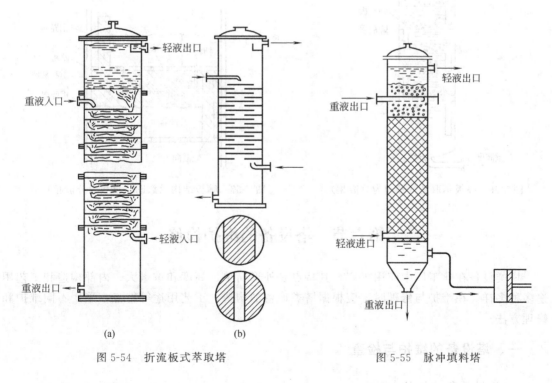

图 5-54　折流板式萃取塔　　　　　　　图 5-55　脉冲填料塔

二、填料萃取塔

填料萃取塔与用于蒸馏和吸收的填料塔类似，为了使萃取过程中一个液相可更好地分散于另一个液相之中，在液相入口装置上有所不同。如图 5-55 所示为一脉冲填料塔，轻液相的入口管装在支承栅板之上，这样可使轻相液滴更顺利地直接进入填料层。

塔内填料的作用除使分散相的液滴不断破裂与再生，以使液滴的表面不断更新外，还可以减少连续相的纵向返混。

三、筛板萃取塔

筛板萃取塔对液体处理能力和萃取效率均较好，其结构如图 5-56 所示，塔内有若干层开有小孔的筛板。若以轻相为分散相，操作时，轻相通过板上筛孔分成细滴向上流，然后又聚结于上一层筛板的下面。连续相由溢流管至下层，横向流过筛板并与分散相接触。若以重相为分散相，则重液相的液体聚结于筛板上面，然后穿过板上小孔分散成液滴。溢流管的位置改装在筛板的上方（见图 5-57）。由于塔内安装了多层筛板，使分散相多次分散，并多次聚结，从而有利于液-液相间的传质。但由于有塔板的限制，也减轻了塔内轴向混合的影响。

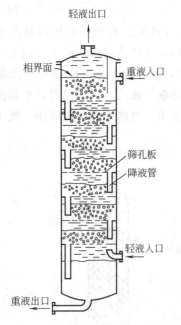

图 5-56　筛板萃取塔（轻相为分散相）

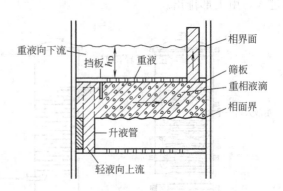

图 5-57　筛板结构示意图（重相为分散相）

第六节　塔设备的维护检修

塔类设备在化工厂中应用极广，其特点是外形简单、高度和重量大、内部构造和工艺用途多种多样。在维护与修理时，应根据塔类设备的构造、工艺用途等特点，采用不同维护和修理方法。

一、塔设备的维护与检查

（一）塔设备的维护

1. 填料塔的维护

填料塔要定期清理喷淋装置，保持不堵塞、不破损、不倾斜；定期冲刷积垢、清理塔壁，防止腐蚀；经常观察塔基础的下沉情况，以防止塔体倾斜；保持塔体油漆与保温层完整，清洁；冬季停用时，应将液体放净，防止冻结。

2. 泡罩塔的维护

保持塔体清洁，油漆完好，保温层无损；经常检查塔体孔盖和法兰接口处有无泄漏现象，发现后要及时处理；定期清理塔内的结疤，防止堵塞；定期检查塔基础下沉情况和塔壁的腐蚀情况，发现异常及时解决。

3. 筛板塔的维护

定期清理筛板，保持筛板孔畅通，溢流液均匀，定期检查基础下沉情况和塔壁的腐蚀情况，发现异常及时解决。

（二）塔设备的检查内容

1. 塔设备的日常检查

为了保证塔设备的正常运转，平时的经常性检查很有必要，在检查时要认真记录检查结果，以便为大、小修提供真实的资料。日常运转中的检查有如下几项：

① 测定并记录原料、产品及回流液等的流量、温度、浓度、压力；

② 测定并记录塔顶、塔底等处的压力；

③ 检查连接部分有无振动而松动的情况；

④ 检查密封处的密封情况；

⑤ 检查仪表的动作状态；

⑥ 检查保温层损伤的情况。

塔设备运行时的巡回检查见表 5-3。

表 5-3　巡回检查

检查内容	检 查 方 法	问题的判断或说明
操作条件	①察看压力表、温度计和流量表 ②检查设备操作记录	①压力突然下降——泄漏 ②压力上升——填料阻力增加或塔板阻力增加，或设备管道堵塞
物料变化	①目测观察 ②物料组成分析	①内漏或操作条件破坏 ②混入杂物、杂质
防腐层 保温层	目测观察	对室外保温的设备,着重检查温度在 100℃ 以下的雨水浸入处,保温材料变质处,长期被外来微量的腐蚀性流体浸蚀处
附属设备	目测观察	①进出管阀门的连接螺栓是否松动、变形 ②管架、支架是否变形松动 ③人孔是否腐蚀、变形,启用是否良好
基础	①目测观察 ②水平仪	基础如出现下沉或裂纹,会使塔体倾斜,塔板水平度偏差超标
塔体	①目测观察 ②渗透探伤 ③磁粉探伤 ④敲打检查 ⑤超声波斜角探伤 ⑥发泡剂(肥皂水、其他)检查 ⑦气体检查器	塔体的接管处、支架处容易出现裂纹或泄漏

2. 塔设备大修时的检查

① 取出塔中的塔板（或填料）等，检查内部有无异物及污垢附着等情况；

② 测定塔体壁厚，检查腐蚀或变形状况；

③ 检查塔板或填料的磨损或破损情况；

④ 检查液面计和压力计是否有堵塞情况，是否灵活准确；

⑤ 检查各部件焊接情况；

⑥ 检查塔板各部件的结焦、污垢堵塞情况，检查塔板、鼓泡物件和支承结构的腐蚀和变形情况；

⑦ 检查塔板上的溢流堰、受液盘、降液管的尺寸是否符合图纸及标准；

⑧ 对于浮阀塔板应检查浮阀的灵活性，是否有卡死 、变形、冲蚀等现象，浮阀孔是否堵塞；

⑨ 检查各种塔板、鼓泡构件等部件的连接情况，是否有松动现象；

⑩ 检查各部件连接管线的变形，连接处的密封是否可靠。

二、塔设备的检修

（一）塔类设备常见故障及处理方法

塔类设备常见故障及处理方法见表5-5。

（二）塔类设备的检修

1. 检修周期（见表5-4）

表 5-4　检修周期

检修类别	中　修		大　修	
	一般介质	易自聚易腐蚀介质	一般介质	易自聚易腐蚀介质
检修周期/月	36	12	72	36

表 5-5　塔类设备常见故障及处理办法

序号	故障现象	故　障　原　因	处　理　方　法
1	工作表面结垢	①被处理物料中含有机械杂质(如泥、沙) ②被处理物料中有结晶析出和沉淀 ③硬水所产生的水垢 ④设备结构材料被腐蚀而产生的腐蚀产物	①加强管理,考虑增加过滤设备 ②清除结晶、水垢和腐蚀产物 ③采取防腐蚀措施
2	连接处失去密封能力	①法兰连接螺栓没有拧紧 ②螺栓拧得过紧而发生塑性变形 ③由于设备在工作中发生振动而引起螺栓松动 ④密封垫圈产生疲劳破坏(失去弹性) ⑤垫圈受介质腐蚀破坏 ⑥法兰面上的衬里不平 ⑦焊接法兰翘曲	①拧紧松动螺栓 ②更换变形螺栓 ③消除振动,拧紧松动螺栓 ④更换变质的垫圈,带压堵漏 ⑤换上耐腐蚀垫圈,带压堵漏 ⑥加工不平的法兰,带压堵漏 ⑦更换新法兰,带压堵漏
3	塔体厚度减薄	设备在操作中,受到介质的腐蚀、冲蚀和摩擦,局部过热,壳体变形	减压使用,或修理腐蚀严重部分,或设备报废

续表

序号	故障现象	故障原因	处理方法
4	塔体局部变形	①塔体局部腐蚀或过热使材料强度降低而引起设备变形 ②开孔无补强或焊缝处应力集中,使材料的内应力超过屈服极限而发生塑性变形 ③受外压设备,当工作应力超过临界工作压力时,设备失稳而变形	①防止局部腐蚀产生 ②矫正变形或切割下严重变形处,焊上补板 ③稳定正常操作
5	塔体出现裂缝	①局部变形加剧 ②焊接的内应力 ③封头过渡圆弧弯曲半径太小或未经回火便弯曲 ④水力冲击作用 ⑤结构材料缺陷 ⑥振动与温差的影响 ⑦应力腐蚀	裂缝修理
6	塔板越过稳定操作区	①气相负荷减少或增大 ②塔板不水平	①控制气相、液相流量。调节降液管、出入口堰高度 ②调节塔板水平度
7	塔板上鼓泡元件脱落和腐蚀	①安装不牢 ②操作条件破坏 ③泡罩材料不耐腐蚀	①重新调整 ②改善操作,加强管理 ③选择耐蚀材料,更新泡罩

2. 检修前的准备工作

① 根据生产情况等资料及《化工设备维护检修规程》制订检修方案。

② 检修准备。塔设备停止生产,安装盲板隔离系统或设备,卸掉塔内压力,置换塔内所有存留物料,然后向塔内吹入蒸气清洗。打开塔顶大盖(或塔顶气相出口)进行蒸煮、吹除、置换、降温,然后自上而下打开塔体人孔,在检修前,要做好防火、防爆和防腐的安全措施,既要把塔内部的可燃性或有毒性介质彻底清洗吹净,又要对设备内及塔周围现场气体进行化验分析,达到安全检修的要求。

③ 根据塔设备大修检查内容对塔设备塔体、塔内结构、连接管线进行检查。

④ 根据检查所得的资料修订塔设备检修方案。

3. 修理项目

(1) 清除积垢 积垢最容易在设备截面急剧改变或转角处产生,因为这些地方的介质流动性差,所以固体颗粒很容易沉积起来。工作面积垢会造成塔内部有效容积和孔道的流通面积减小、传热效率降低、流体的流动阻力增加、流量减小。目前,最常见的清除积垢的方法有机械法和化学法两种。

(2) 塔体局部变形的修理 塔体局部变形的主要原因与塔局部腐蚀或过热导致变形;开孔补强或焊缝处应力集中,使材料发生塑性变形;外压设备当工作压力超过临界压力时,设备失稳变形等有关。局部变形不严重及未产生裂缝的情况下,可以用压模将变形处压回,如第一章所述进行修理。

(3) 塔体裂纹修理 设备壳体的裂缝一般可以采用煤油法或磁力探伤法来检查。裂缝有三种类型:不穿透裂缝、穿透窄裂缝、穿透宽裂缝。(检修方法见第一章)对于高压塔设备出现裂缝时，一般不予修理，应更换新塔体。

（4）塔体标高的检测　塔体的标高是指塔体应位于的高度，其标高可采用水准仪和测量标杆来进行测量。塔体的标高应符合图纸的要求，测量时考虑到塔体高度为已知数值，所以只需对塔体座的标高进行测量即可。若标高不符合要求，可以用千斤顶将塔底顶起来或用起重机将塔体吊起来，然后调整垫板的厚度，直到塔体的标高符合要求为止。

（5）验收　检查人员在塔体检修和安装时，均应在现场同施工人员共同完成检查验收工作。

检修时，对塔体各点的测厚及检查出的缺陷记录在塔体展开图上。同时对腐蚀、冲蚀等部位作详细记录，并计算出设备各部分腐蚀和冲蚀率。对塔内件作好检查安装记录、填料塔的填料和装料记录、板式塔的塔板安装记录等。

检修完毕，对塔内各部的油泥、污垢、铁锈和焊渣等杂物应清扫干净，经检查后封闭人孔，并作好清理、检查、封闭的记录。

对已检修完工的塔，根据图纸和生产需要，进行压力试验。

塔设备的验收，应会同生产、检查及施工人员共同进行，并应检查下列各项：

① 检查各附件是否安装齐全；

② 应有完整的检查、鉴定和检修记录；

③ 人孔封闭前应有检查内部结构和检修质量合格证；

④ 应有完整的水压试验和气密性试验记录；

⑤ 如有修补，应有焊接、热处理记录及无损检验报告。

思　考　题

1. 简述吸收、精馏、萃取的基本原理。

2. 塔设备主要由哪几部分组成？

3. 填料有哪几种？各有什么特点？

4. 为什么要对填料层分段？

5. 常用板式塔种类有哪些？各有什么特点？

6. 板式塔由哪些部分组成？塔盘结构有哪几种？各有什么作用？它们之间的区别是什么？

7. 支承板的作用是什么？液体再分布装置的作用是什么？

8. 板式塔与填料塔比较有什么不同？各有何优点？

9. 除沫装置的作用是什么？常用的有哪些种类？

10. 塔设备日常检查项目有哪些？

11. 简述塔设备常见故障与排除的方法。

第六章 釜式反应器

第一节 概 述

反应器是一种典型的化工设备，在化工、医药、轻工等生产部门大量使用。参加反应的物料可以是气体、液体、固体等，在反应器中可以用来完成氧化、氢化、磺化、烃化、水解、裂解、聚合、缩合等工艺过程，使物质发生了质的变化，生成新的物质而得到的中间产物或最终产品。反应器对产品生产的产量和质量起着决定作用。

一、反应器的基本要求

基本要求如下：

① 必须有足够的反应容积，以保证设备具有一定的生产能力，保证物料在设备中有足够的停留时间，使反应物达到规定的转化率；

② 有良好的传质功能，使反应物料之间或催化剂之间达到良好的接触；

③ 有良好的传热性能，能及时有效地输入和引出热量，保证反应过程是在最适宜的操作温度下进行；

④ 有足够的机械强度和耐腐蚀能力，并要求运行可靠，经济适用；

⑤ 在满足工艺条件的前提下结构尽量合理，并具有进行原料混合和搅拌的性能，易加工，材料易得到，价格便宜；

⑥ 操作方便，易于安装、维护和检修。

为了满足多种反应的要求，反应器在进行各种不同物态的化学反应过程时，其结构、形式、要求各不相同。

二、反应器的分类

常用的反应器主要有固定床反应器、流化床反应器及搅拌式反应器（亦称釜式反应器）等。

（一）固定床反应器

固定床反应器多用于气相物料通过由静止的催化剂颗粒构成的床层进行催化反应。参加反应的流体以预定的方向运动，流体间没有沿流动方向的混合。这类反应器可以是一个圆柱壳体内装有催化剂或圆柱壳体内安装许多平行的管子，如图 6-1 所示，管内或管外装催化剂，参加反应的气体通过静止的催化剂进行反应。反应流体的组成沿流动方向而变化。

固定床反应器高转化率时催化剂用量少，催化剂不易被磨损，但传热不易控制，催化剂装填麻烦。

（二）流化床反应器

流化床反应器多用于固体和气体参与的反应。在这类反应器中，参加反应的颗粒固体物料装填在一个垂直的圆筒形容器的多孔板上，气体则通过多孔板以足够大的速度使固体颗粒

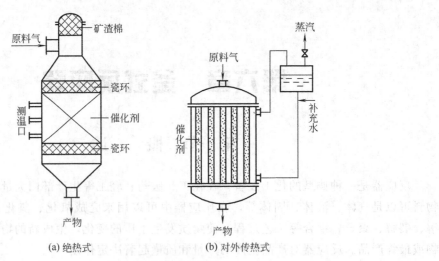

(a) 绝热式　　　　　　(b) 对外传热式

图 6-1　固定床反应器

呈悬浮沸腾状态（但流速也不宜过高，以防止固体颗粒被气体夹带出去）。这类反应器传热好，温度均匀，易控制；但固体颗粒因磨损而造成损失，排出气体中存在粉尘。其结构见图 6-2。

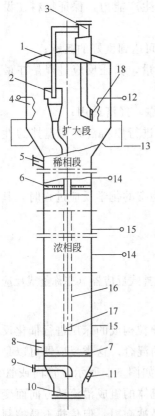

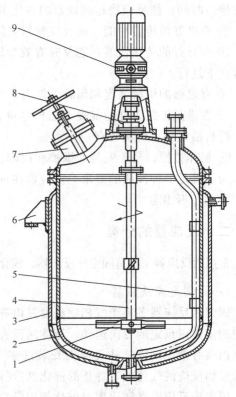

图 6-2　流化床反应器示意图

1—壳体；2—内旋风器；3—外旋风器；4—冷却水管；5—催化剂入口；6—导向挡板；7—气体分布器；8—催化剂出口；9—原料混合器进口；10—放空口；11—防爆口；12—稀相段蒸汽出口；13—稀相段冷却水出口；14—浓相段蒸汽出口；15—浓相段冷却水出口；16—料腿；17—堵头；18—翼阀

图 6-3　搅拌反应器结构图

1—搅拌器；2—罐体；3—夹套；4—搅拌轴；5—压出管；6—支座；7—人孔；8—轴封；9—传动装置

（三）搅拌式反应器（釜式反应器）

搅拌式反应器多用于均相（多为液相）反应、液-液相反应、液-气相反应及液-固相反应。这类反应器的主要特征是搅拌。搅拌可以使参加反应的物料混合均匀，使气体在液相中很好地分散，使固体粒子在液相中均匀悬浮，使液-液相保持悬浮或乳化，强化相间的传热和传质。另外它对操作条件的可控范围较广，内部清洗和维修较方便。缺点是间歇操作。搅拌式反应器在有机化学工业中广泛应用。其结构见图 6-3，主要由搅拌罐、搅拌装置及轴封装置三大部分组成。物料由上部加入釜内（有时是几种原料一次加入，有时则分段加入），在搅拌器作用下迅速混合并进行反应。若需要加热，可在夹套和蛇管内通入加热蒸气，如果需要冷却，则在夹套或蛇管内通入冷水或冷冻剂。反应结束后，物料由釜底放出。

本章主要介绍釜式反应器。

第二节　釜式反应器的搅拌装置

为了加快反应速度，增强混合及强化传质或传热效果，釜式反应器一般都装有搅拌装置。它是由搅拌器和搅拌轴组成，用联轴器与传动装置连成一体。

一、搅拌器的类型及选择

搅拌器的类型很多，通常是以形状命名的，常用的有以下几种。

（一）推进式搅拌器

推进式搅拌器的结构如同船舶的推进器，叶数通常是三个，如图 6-4 所示。搅拌时物料在釜内循环流动，剪切作用小，上下翻腾效果好。

推进式搅拌器常采用整体铸造，加工方便。采用焊接时，需模锻后再与轴套焊接，加工较困难。制造时应做静平衡试验。搅拌器可用轴套以平键和紧钉螺钉与轴连接。

搅拌器的材质常用铸铁、铸钢。

（二）桨式搅拌器

桨式搅拌器如图 6-5 所示。它是用螺栓将 2～4 片桨叶状扁钢或板状桨叶，固定在搅拌轴上。为了使搅拌更有效，可装置数排桨叶，相邻两层桨叶交错成 90° 安装。

桨式搅拌器有平直叶式和折叶式两种形式。折叶式除了能使液体做圆周运动外，还能使液体上下运动，起到充分搅拌的

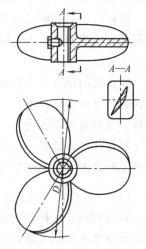

图 6-4　推进式搅拌器

作用。当被搅拌物料腐蚀严重时，桨叶可用不锈钢或耐蚀有色金属制造，也可采用碳钢、碳钢外包橡胶、环氧树脂、酚醛玻璃布等。

桨式搅拌器结构简单、制造方便，适用于搅拌稠性和黏性小的液体，也适用于纤维状和结晶状的物料。

（三）涡轮式搅拌器

涡轮式搅拌器的形式很多，常用的有开启式和带圆盘式两种。桨叶又分为平直叶、弯叶

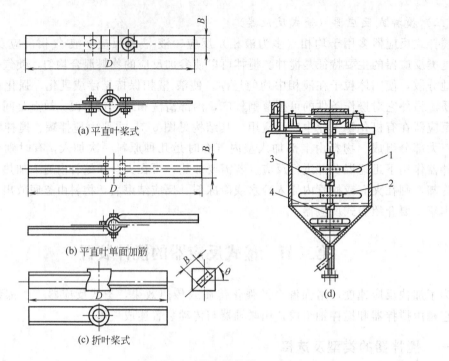

(a) 平直叶桨式

(b) 平直叶单面加筋

(c) 折叶桨式

(d)

图 6-5 桨式搅拌器

1—桨叶；2—键；3—轴环；4—竖轴

和折叶式三种，如图 6-6 所示。

搅拌叶一般和圆盘焊接（或以螺栓连接），圆盘焊在轴套上。铸造而成的桨叶较均匀，稳定性好，表面硬度大，能适用于需耐磨损的场合，但铸造比焊接困难，安装时皆应进行静平衡试验。

搅拌器用轴套以平键和销钉与轴固定。搅拌器的结构与工作原理和离心泵相似，当涡轮旋转时，液体由轮心吸入，同时借离心力由桨叶通道沿切线方向抛出，从而造成流体剧烈的搅拌。这种搅拌器的直径一般 700mm 以下。

涡轮式搅拌器是一种快速搅拌器，能将含有固体达 60％的沉淀搅起。适用于黏滞且相对密度较大的大量液体混合及要求迅速溶解分散的操作，但造价较高。

（四）锚式和框式搅拌器

锚式和框式搅拌器的特点是旋转部分的外直径稍小于筒体的内径，如图 6-7 所示，其外形由反应器的形状决定，图 6-7(a)、(b) 适用于椭圆形或碟形底的罐体；图 6-7(c) 适用于锥形底的罐体。对于大直径的反应器或搅拌液体黏度很大时，常用横梁加强，这就是框式搅拌器。

这种搅拌器的直径较大，常为筒体内径的 0.9 倍以上。特别适用于有固体沉淀或容易挂料的场合。

（五）气流搅拌装置

这种搅拌装置非常简单，如图 6-8 所示。压缩空气或蒸气由管子送入液层底部，在液体内产生鼓泡作用以达到搅拌的目的，被搅拌的物料和空气或蒸气不发生化学变化。

气流搅拌方式所需设备极为简单，但能量消耗大于机械搅拌。

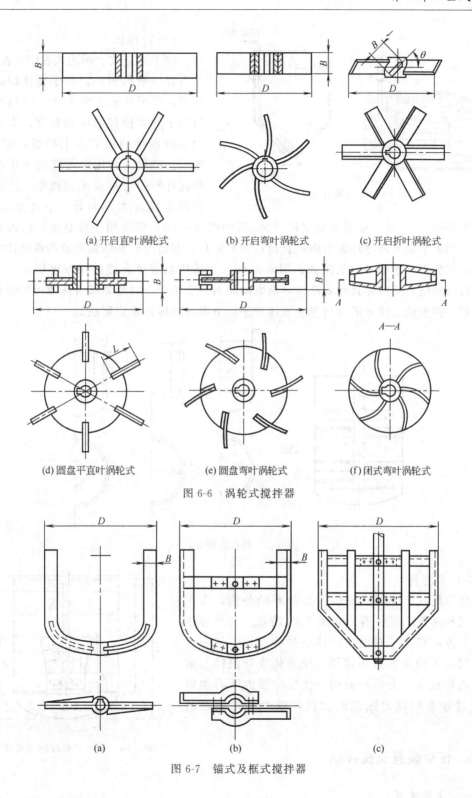

(a) 开启直叶涡轮式　　　(b) 开启弯叶涡轮式　　　(c) 开启折叶涡轮式

(d) 圆盘平直叶涡轮式　　　(e) 圆盘弯叶涡轮式　　　(f) 闭式弯叶涡轮式

图 6-6　涡轮式搅拌器

图 6-7　锚式及框式搅拌器

二、搅拌附件

搅拌附件通常指在搅拌罐内为了改善流动状态而增设的零件。如挡板、导流筒等。

115

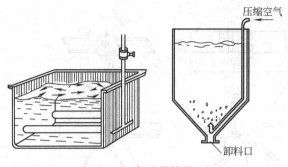

图 6-8　气流搅拌器

（一）挡板

对于推进式、涡流式及浆式搅拌器，其直径一般都较小，对于筒体较高的反应器，虽可在轴上装上 2～3 层搅拌器，但为了加强搅拌的激烈程度，常在筒体内靠近器壁的地方装上挡板，如图 6-9 所示。挡板的作用是可避免液体在旋转的搅拌轴中心形成漩涡现象。挡板的数量视釜径的大小而异，小直径用 2～4 块，大直径用 4～8 块。安装方式见图 6-9，其中图 6-9（b）型适用于低黏度，挡板紧贴于器内壁，挡板平面与液体环流方向成直角；图 6-9（c）型适用于液体黏度较高或液体中含有固相时，挡板离开器壁一定的距离；图 6-9（d）型适用黏度更高或固相浓度更高时，这时挡板不仅与器壁有间隙而且顺着液体环流方向倾斜一个角度，以免黏滞液体或固相颗粒在间隙中堆积。挡板的上缘一般可与静止液体齐平，下缘可到搅拌反应器底。

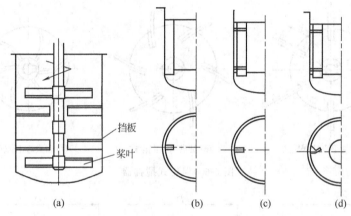

图 6-9　挡板安装方式

（二）导流筒

导流筒是一个圆筒，安装在搅拌器的外面，常用于推进式和涡轮式搅拌器，如图 6-10 所示。加装导流筒后，一方面提高了对筒内液体的搅拌程度；另一方面由于限定了液体的循环路径，使液体在导流筒与釜的环隙内形成上、下循环流动，使反应器内所有物料均能通过导流筒内的强烈混合区，减少了走短路的机会。

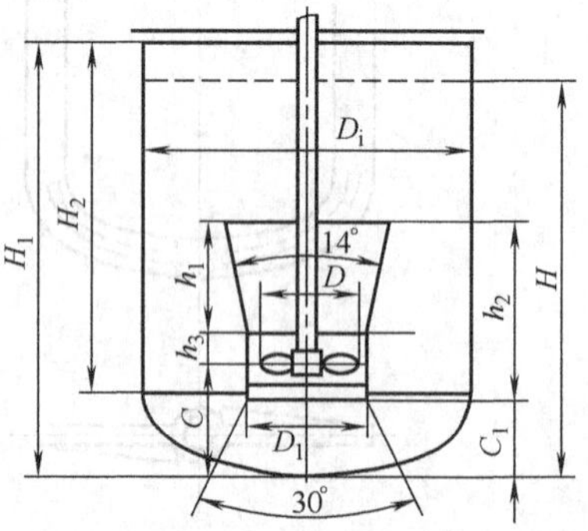

三、传动装置及搅拌轴

图 6-10　推进式搅拌器的导流筒

（一）传动装置

搅拌反应器的传动装置通常设置在反应器的顶盖（上封头）上，一般采用立式布置。电动机经减速器将转速减至工艺要求的搅拌转速，再通过联轴器带动搅拌轴旋转，从而带动搅拌器转动。电动机一般与减速器配套使用。减速器下设一机座，由于考虑到传动装置安装时要求保持一定的同心度以及装卸检修的方便，常在顶盖上焊一底座，整个传动装置连机座及轴封装置都一起安装在底座上。图 6-11 为立式搅拌反应器传动装置的一种典型安装形式。

1. 电动机

搅拌反应器用的电动机绝大部分与减速器配套使用，只在搅拌转速很高时，才使用电动机不经减速器而直接驱动搅拌轴。因此电动机的选用一般应与减速器的选用一起考虑。

搅拌反应器常用的电动机有：Y 系列普通电动机、YA 系列增强型电动机、YB 系列防爆型电动机等。其基本性能可参阅有关资料。

2. 减速器

对于搅拌反应器，一般采用立式垂直轴传动，所以多用立式减速器。选用时可查阅有关标准。

3. 联轴器

联轴器的作用是将两个独立设备的轴牢固地连在一起，以传递运动和功率。联轴器除了将两轴连在一起回转外，为确保传动质量，要求被连接的轴要安装在同一轴心线上，另一方面，要求传动中的一方工作中有振动、冲击，尽量不要传给另一方。立式搅拌反应器常用的几种联轴器有：JQ 型夹壳联轴器、GT 型凸缘联轴器、TK 型弹性块联轴器等。

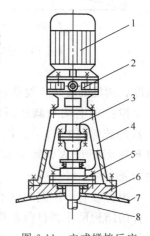

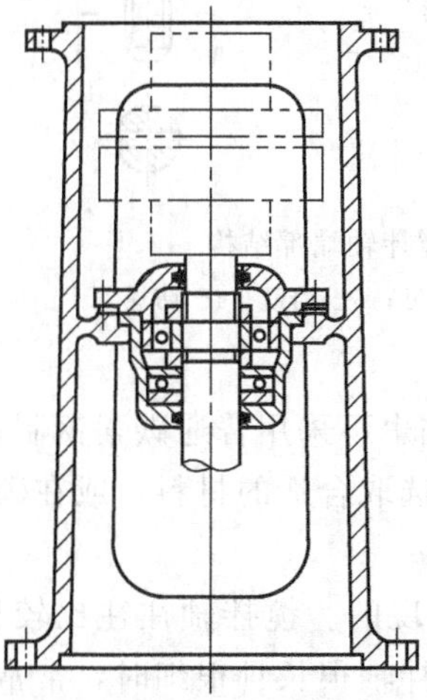

图 6-11 立式搅拌反应器的传动装置

1—电机；2—减速器；3—联轴器；4—机座；5—轴封装置；6—底座；7—封头；8—搅拌轴

4. 机座

搅拌反应器的传动装置通过机座安装在罐体的顶盖上。在机座上一般还需要有容纳联轴器、轴封装置等部件及其安装操作所需的空间，有时机座中间还要安装中间轴承装置，以改善搅拌轴的支承条件。如图 6-12 所示。

5. 底座

为了保证既与减速器连接又使穿过轴封装置的搅拌轴运转顺利，要求轴封装置与减速器机座安装时有一定的同心度，一般都将两者的定位安装面做在同一块底座上。视罐内物料的腐蚀情况，底座分有衬里和无衬里两种。无衬里的底座材料可用普通碳钢，要求衬里的，则在与物料可能接触的表面衬一层耐腐蚀材料，通常为不锈钢。图 6-13 为一带有耐腐蚀衬里的整体底座，在衬里焊好后进行车削。安装时，先将搅拌轴、减速器及机座与轴封装置同底座装配好后放在顶盖上，位置找准试转顺利后才将底座点焊定位于顶盖上，然后卸去整个传动装置和轴封装置，再将底座与顶盖焊牢。底座下面的形状按封头曲率加工，也可做成图 6-14 的形式，以简化底座下面的曲率加工。

图 6-12 J-B 型机座

（二）搅拌轴

搅拌轴可以是实心轴，也可以是空心轴，可以设计成一段，也可以设计成多段，应满足

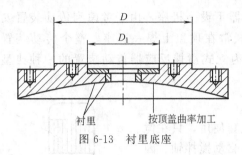

图 6-13　衬里底座

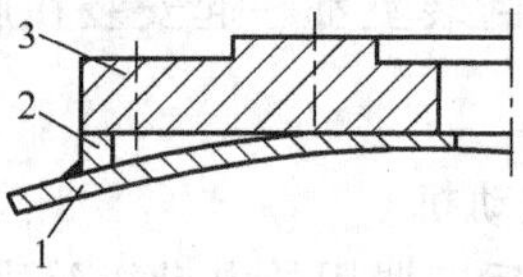

图 6-14　简化底座
1—封头；2—支撑块；3—底座

强度、刚度的要求，要能从减速器输出轴取得动力使搅拌器旋转，达到搅拌的目的。

搅拌轴上端与减速器输出轴是通过联轴器相连接的，因此，搅拌轴上端必须符合联轴器的连接结构要求。图 6-15 是配有凸缘联轴器的轴端结构，联轴器同轴之间，由轴肩和锁紧螺母达到轴向固定、用键达到周向固定，轴端需要加工出轴肩、螺纹、退刀槽、键槽等。

搅拌轴的下端固定着不同类型和数量的搅拌器，所以轴上相应位置应加工出同搅拌器相配合的结构尺寸。目前常用的搅拌器大都采用平键、穿轴销钉或穿轴螺钉固定，如图 6-16 所示。

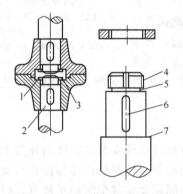

图 6-15　凸缘联轴器的轴端结构
1—凸缘联轴器；2—轴；3—锁紧螺母；
4—螺纹；5—退刀槽；6—键槽；7—轴肩

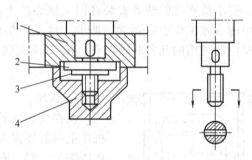

图 6-16　搅拌轴端部结构
1—搅拌器；2—圆螺母；3—销钉；4—防锈帽

搅拌轴常采用 45 号优质碳素钢制造。对于要求较低的搅拌轴也可采用普通碳素钢制造。当搅拌轴有耐腐蚀要求时，应根据腐蚀介质的性质和温度条件来选取合适的材料，或在碳素钢外采取各种防腐措施，如在碳钢轴外包覆耐腐蚀材料等。

一般搅拌轴的支承是靠与之相连的减速器内的一对轴承来实现的。搅拌轴往往比较长，悬伸在反应罐内，进行搅拌操作，搅拌轴的支承条件较差。当搅拌轴很长且很细时，常常会使轴弯曲变形，使反应器发生振动，动密封性能变坏，寿命降低，甚至引起破坏。

第三节　搅拌器的轴封

旋转的搅拌轴和静止的顶盖之间存在一个相对运动的密封面，为了保证转轴与顶盖之间的密封，采用的密封装置称为动密封装置，简称轴封装置。它的任务是保证搅拌设备内处于一定的正压或真空操作状态，同时防止反应物逸出或杂质渗入。搅拌轴的动密封装置常用的有填料箱密封和机械密封两种。

一、填料密封

图 6-17 是一种填料密封结构。填料箱本体固定在顶盖的底座上，装在搅拌轴和填料箱本体之间环隙中的填料，在压盖的压力作用下，对搅拌轴表面产生径向压紧力，以达到阻止设备内流体流出或外部流体渗入而达到密封的作用。从延长填料寿命角度出发，允许有一定的泄漏量。运转过程中需调整压盖的压紧力，还要经常通过油杯添加润滑油，并定期更换填料。

填料密封结构简单，易于制造，拆装方便，但不能保证绝对可靠的密封，常有微量的泄漏。同时填料与轴的磨损较大，填料使用寿命短。一般适用于低压、低速的场合。

二、机械密封

机械密封是指两个密封元件在垂直于轴线的光洁平直的表面上相互贴合，并作相对转动而构成的密封装置，如图 6-18 所示。

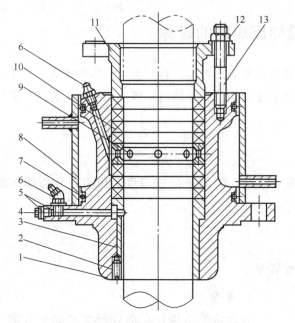

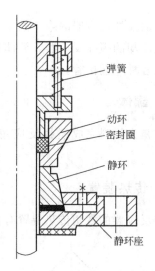

图 6-17　带夹套铸铁填料箱填料密封

图 6-18　机械密封装置

1—本体；2—螺钉；3—衬套；4—螺塞；5—油圈；6—油杯；
7—O 形密封圈；8—水夹套；9—油环；10—填料；
11—压环盖；12—螺母；13—双头螺栓

反应釜常用的机械密封装置主要由动环、静环、弹簧座及辅助密封圈四个部分组成。当轴旋转时，带动弹簧座、动环一起旋转，由于弹簧力的作用使动环紧紧压在静环上，而静环则固定在静环座上静止不动。

机械密封是一种功耗小、泄漏率低、密封可靠、使用寿命长的轴封。

三、填料密封与机械密封的比较

填料密封与机械密封的比较见表 6-1。

表 6-1　填料密封与机械密封的比较

比较项目	填　料　密　封	机　械　密　封
泄漏量	150~450mL/h	一般平均泄漏量为填料密封的1%
摩擦功耗	机械密封为填料密封的10%~50%	
轴磨损	有磨损,用久后轴要更换	几乎无磨损
维护及寿命	需要经常维护,更换填料,个别情况8h(每班)更换一次	寿命0.5~1年或更长,很少需要维护
高参数	高压、高温、高真空、高转速、大直径等密封很难解决	高压、高温、高真空、高转速、大直径等密封可以解决
加工及安装	加工要求一般,填料更换方便	动环、静环表面光洁度及平直度要求高,不易加工,结构复杂,成本高,装拆不便
对材料要求	一般	动环、静环要求较高耐磨性能

第四节　搅拌反应器的罐体

常用的搅拌反应器的罐体的主要部分是立式圆筒形容器,有顶盖、筒体和罐底。采用壁外传热或冷却的搅拌反应器,筒体和罐底部分还安装了夹套结构。顶盖上有传动装置,罐体上要安装各种工艺接管。

一、罐体

罐体是为物料完成搅拌反应过程提供空间的。需满足反应温度、压力、介质腐蚀的要求。

二、传热装置

搅拌反应器的常用传热装置有夹套和蛇管等。

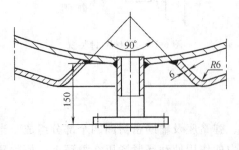

图 6-19　夹套底形式图

1. 夹套

夹套常见结构是在部分圆筒和底封头的外部套有一个薄壁壳体。有夹套的反应器底部常见结构如图6-19所示。常见的夹套与筒体的连接结构为不可拆结构,采用焊接连接,加工简单,密封可靠。

夹套上设有水蒸气、冷却水或其他介质的进出口。如果加热介质是水蒸气,进口管应靠近夹套上端,冷凝液从底部流出;如果加热(冷却)介质是液体,则进口管应安在底部,使液体从底部进入上部流出。这样容易排出内部气体,并保证液体充满。有时,对于较大型的罐体,为了得到较好的传热效果,在夹套空间设螺旋导流板,以提高介质的流速和避免短路。

2. 蛇管

当需要的传热面积较大，可采用蛇管传热。蛇管沉浸在物料中，热量损失小，传热效果好，还能提高搅拌强度。同时，也可以与夹套联合使用，增大传热面积。蛇管的结构如图6-20所示。

蛇管一般用无缝钢管冷弯或螺旋形盘管；可以根据传热面积的需要，采用单圈或同心圆蛇管组。安装好的蛇管束应完全沉浸在介质中，在搅拌过程中也不露出。

蛇管在筒体内的固定方法。当蛇管中心直径较小或圈数不多且重量较轻时，蛇管束可以利用蛇管的进出口固定在罐盖上或罐底上。当蛇管中心直径较大，圈数较多，重量又较大时，应在罐内设立支架，并将蛇管固定在支架上。支架一般用型钢制成，蛇管的支架上的固定方法见图6-21。其中图（a）制造方便，但拧紧时容易偏斜，难以拧紧；图（d）安

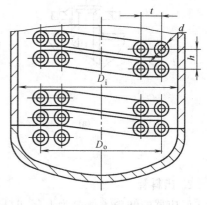

图 6-20 蛇管传热

装方便，温度变化时可自由伸缩，但不能有振动；图6-21(e)适用于蛇管紧密排列时的情况，并且还可起导流筒的作用；图6-21(f)适用于扁钢支架结构。

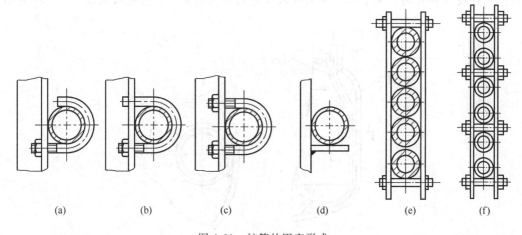

（a） （b） （c） （d） （e） （f）

图 6-21 蛇管的固定形式

三、工艺接管

1. 进料管

进料管一般从顶盖引入。为了能使物料顺利地流入搅拌反应器内而不至于沿着封头内侧流进法兰密封面或沿反应器内壁流动，一般将接管伸进设备内，并在进口管端开45°的切口，向着搅拌反应器中央，这样也可以减少物料飞溅到筒体内壁上。其结构如图6-22所示，其中图6-22(b)是套管式结构，适用于易腐蚀、易堵塞、易磨损的场合，以方便清洗和更换；图6-22(c)是长进料管结构，接管沉浸在料液中，这样可以减少飞溅和冲击液面，并可起液封作用，且利于稳定液面和气液吸收。

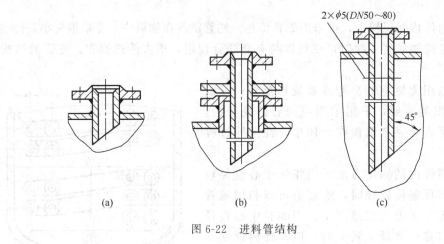

图 6-22　进料管结构

2. 出料管

反应器的卸料大体分为上部卸料和下部卸料两种形式。当物料需要输送位置较高，或需要输送到并列的另一台设备中去，或者要求密闭输送时，一般采用压料管，如图 6-23 所示，出料时在反应器内充压缩气体或惰性气体，靠气体的压力将罐内的物料压入出口管，压出管的管口必须放在罐内的最低处。为了不妨碍搅拌器的运转和便于固定压出管，压出管总是靠近筒体内壁设置和安装。为了加大压出管入口处的截面面积，可将管口截成 45°～60°的角。

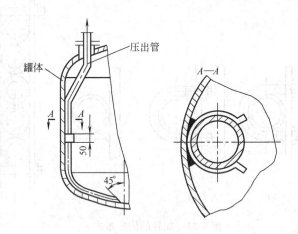

图 6-23　上出料管

底部卸料一般适用于物料需要放入较低的装置或容器中，或黏稠物料和含有固体颗粒的物料。

第五节　釜式反应器的维护检修

一、釜式反应器的维护

① 釜式反应器在运行中，应严格执行操作规程，经常观察压力表指示值，禁止超温、超压工作。

② 要注意设备有无异常振动和声响，如发现故障，应停止运行进行检查修理并及时消除。但设备在运行时不得进行修理工作，不准在有压力的情况下拧紧螺栓。

③ 电动机不得超过额定电流。

④ 减速机齿轮啮合正常，不得有异常声音；压力润滑系统、水冷却系统畅通好用。

⑤ 经常观察各部件密封垫片是否严密可靠。

二、釜式反应器的检查

（一）搅拌器的检查

因搅拌器是釜式反应器的主要部件，在正常运转时应经常检查轴的径向摆动量是否大于规定值，搅拌器不得反转，与釜内的蛇管、压料管、温度计套管之间要保持一定距离，防止碰撞。

定期检查搅拌器的腐蚀情况，有无裂纹、变形和松脱。对于有中间轴承或底轴瓦的搅拌装置要定期检查轴瓦（或轴承）的间隙；中间轴承的润滑油是否有物料进入损坏轴承；固定螺栓是否松动，否则会使搅拌器摆动量增大，引起釜体振动；搅拌轴与桨叶的固定要保证垂直，其垂直度允许偏差为桨叶总长度的 $\frac{4}{1000}$，且不大于 5mm。

（二）釜体的检查

将釜体（或衬里）清洗干净，用肉眼或五倍放大镜检查腐蚀、变形、裂纹等缺陷，或采用无损探伤测量该釜体的厚度。当使用仪器无法测量时，采用钻孔方法测量。对于不宜采用此法测厚的反应器，可用测量釜体内、外径实际尺寸法，来确定设备壁厚减薄程度。

（三）衬里的检查

对衬里要进行气密性检查。将衬里与釜体之间通入空气或氨气，其压力为 0.03～0.1MPa（压力大小视衬里的稳定性而定）通入空气时可用肥皂水涂于衬里的焊缝或腐蚀部位，检查有无泄漏；通入氨气时，可在衬里的焊缝和被检的腐蚀部位贴上酚酞试纸，保压5～10min 后，以试纸上不出现红色斑点为合格。

（四）基础的检查

检查设备基础是否下沉；基础上有无裂纹，如发现裂纹，在其上加石膏标志以测定裂纹是否继续扩大；检查基础螺栓的螺母紧固情况，有无松动。

三、釜式反应器的修理

（一）正常检修

1. 小修

① 检修或更换阀门、垫片、填料等；

② 检查更换各部螺栓，消除泄漏；

③ 局部修理主轴（或衬套）；

④ 更换联轴器的橡胶圈、链轮和链条等。

2. 中修

① 包括小修内容；

② 修理和更换主轴、搅拌器及其附件；

③ 检查釜体内部，测量壁厚，检查釜内衬里层并进行局部修补；

④ 修理或更换釜内加热蛇管；

⑤ 检查校验安全阀和压力表；

⑥ 固体、釜盖、保温层的局部修补和壳体涂漆防腐等。

3. 大修

① 包括中修内容；

② 修理或更换釜盖、釜体及保温层；

③ 修理更换釜体夹套、加热蛇管及密封圈等。

注意对易燃易爆、有毒、有窒息性介质的釜内检修时应做到：

① 切断外接电源，挂上"禁动"警告牌；

② 排除釜内的压力；

③ 在进料进气管道上安装盲板；

④ 清洗置换后经气体分析合格并设有专人监护，方可进入釜内检修。

(二) 常见故障及修理

釜式反应器较常见故障有釜体损坏、超温超压、泄漏、釜内杂音等。

1. 釜体损坏

其表现形式为腐蚀、裂纹、透孔等。

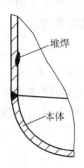

图 6-24　电弧堆焊

材质为钢制的（或不锈钢衬里）釜式反应器由于与腐蚀性介质长期接触易产生均匀腐蚀、点腐蚀，应力腐蚀或碱脆等现象。

① 局部缺陷可采用如下修理方法。

a. 未穿透的裂缝（或穿透的窄裂缝），用局部补焊法。

当点腐蚀产生裂缝时，其腐蚀深度不超过壁厚的 0.40% 时，可在补焊前进行单面清理铲边工作，把边铲成 50°~60° 的角，后进行补焊。

当釜体局部腐蚀，可采用电弧堆焊法修补，如图 6-24 所示；若腐蚀面积较大，可采用保护板贴补法，即用与母材相同的板材贴补在被腐蚀部位上，如图 6-25 所示。

b. 当釜体有被穿透的窄裂缝或小孔采用补焊法时，应保证焊缝坡口的几何形状符合截面的厚度。釜体厚度 δ 大于 12~15mm 时开 X 形焊缝。裂缝长度小于 100mm 时，一次焊完，裂缝较长时，采用逐段退焊法，焊条金相结构相同。除釜盖的圆滑过渡的部位外，设备的其他部分都可以进行补焊。

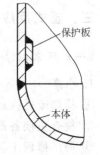

图 6-25　板材保护

② 釜体有被穿透的宽裂缝，则采用挖补法。见第一章。

③ 带不锈钢衬里的腐蚀反应器衬里泄漏，原因是气体介质进入夹层使衬里受外压产生鼓包变形，此时可采用压力修复法和机械修复法。

a. 压力修复法。当釜体衬里大面积变形且鼓起的高度与变形面积的平均直径的比值小于 0.15 时，采用压力修复法。即先找出泄漏修理好，在釜体上钻直径为 8~12mm 的小孔，使泄漏到夹层的气体通畅地排入大气中。然后充水升压（一般不用气体升压），要缓慢均匀地进行，起压时间从开始到结束，不能少于半小

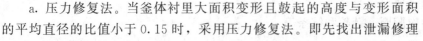

时，充水升压时最高压力不应超过釜体屈服点的90％，这样利用釜体内部压力，使受外压鼓包变形的衬里在内压作用下恢复原状。

b. 机械修复法。当釜体（或衬里）的变形面积不大时，可以采用机械顶压法。如图6-26所示，顶压工具根据设备形状自制，由压模（压头）、丝杠、螺纹、连杆等部件组成或用千斤顶来矫正凹陷或凸出。

在矫正前检查变形处是否有裂缝，矫正时用煤气喷嘴加热，根据变形的程度分几次矫正，当温度降低到600℃时应停止矫正，否则易产生脆裂，在矫正后的凸面上敷焊一层碳素钢板防止再次变形。

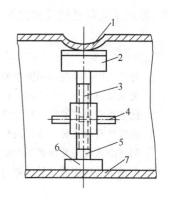

图 6-26　顶压工具

1—凸出部分；2—压模；3—丝杠；4—螺纹；5—连杆；6—压头；7—壳体

④ 对于奥氏体不锈钢衬里的釜体，出现大深度局部腐蚀、点腐蚀或裂纹等缺陷，一般采用电弧补焊的方法修复。

在化工生产中，有些釜式反应器的内衬里是非金属材料，如瓷板、石墨、橡胶、玻璃钢等，在使用过程中会发生局部脱落、损坏或介质透过衬里层使设备本体局部发生腐蚀等，其修理方法略。

⑤ 对材质是铸铁的反应器，因铸造质量等因素及铸铁的力学性能（塑性小，可焊性差），旧铸铁件的组织内部容易吸收油质或有机溶剂等致使釜体出现砂眼、裂纹、点腐蚀、局部腐蚀及气孔等现象，常采用补焊（电弧冷焊）法进行修理。

若釜体使用到一定年限，釜壁厚度均匀减薄超过规定的最小厚度且腐蚀面积大于总面积的20％或焊缝裂纹不能修复等，釜体应作报废处理并重新更换釜体。

2. 超温超压

引起釜式反应器的超温、超压有多种原因，如仪表失灵、误操作、加料浓度增加产生剧烈反应、因传热或搅拌性能不佳发生副反应、进气阀失灵产生压力过大过高等异常现象。要及时进行处理，如严格控制操作规程，检查修复自控系统；按规定定时定量投料严防误操作，根据操作法采取紧急放压消除物料的剧烈反应；定时清除釜体中的结垢增加传热面积，改善传热效果，检查搅拌器并进行修复关掉总汽阀进行断汽修理阀门等措施。

3. 泄漏

定期检查密封结构，并定期更换密封填料或螺栓。

4. 釜内异常声音

釜内异常声音的判断与修理见表6-2。

表 6-2　釜内异常声音的判断与修理

釜内产生异常杂音的主要原因	釜内异常声音的修理
①搅拌器摩擦釜内附件,如蛇管、温度计和压料管	①停车检修找正,使搅拌器与附件有一定间距
②搅拌器刮釜壁	②拧紧搅拌器紧固螺钉
③搅拌器发生松脱,固定架松脱	
④衬里发生鼓包与搅拌器撞击	③更换或修理衬里的鼓包
⑤搅拌器弯曲或轴承损坏	④修理或更换搅拌轴及轴承

釜式反应器经过检修之后一般要进行压力试验，检验合格后方可使用。

思 考 题

1. 化工生产对反应器的基本要求有哪些？常用的反应器有哪几种？
2. 釜式反应器主要由哪些部件组成？其作用是什么？
3. 简述釜式反应器的工作原理。挡板与导流筒的作用是什么？
4. 搅拌器有哪几种？作用是什么？其结构特征各是什么？适用什么场合？
5. 简述釜式反应器维护检查要点。
6. 简述釜式反应器常见故障与排除。

第七章 化工设备的腐蚀与防护

第一节 概　述

一、腐蚀的定义

人们经常看到的自然现象中，例如钢铁生锈变为褐色的氧化铁皮，铜生锈生成铜绿等就是金属的腐蚀。

随着非金属材料，特别是高分子材料的迅速发展，它们在各种环境中的破坏也已引起人们的普遍重视。因而腐蚀的定义扩大到一切材料：材料或材料的性质由于与它所处环境的反应而恶化变质被称为腐蚀。

二、腐蚀与防护的重要性

在化学工业中，大部分设备都是用金属、特别是黑色金属制成的。由于经常与强腐蚀性介质（酸、碱、盐等）接触，同时又经常在高温、高压、高流速等条件下进行操作，因而化工设备的腐蚀比较严重。

据统计，全世界每年由于腐蚀而报废的金属设备和材料在 1 亿吨以上。约占全世界金属年产量的 30%，其中约有 $\frac{1}{3}$ 不能回收。在化工生产中，腐蚀使设备的使用寿命和运转周期缩短，从而造成减产和设备制造、维修费用的增加；造成设备和管线的跑、冒、滴、漏，轻则使原料和产品造成大量损失，影响产品质量，污染环境，重则酿成中毒、爆炸、火灾等重大事故；腐蚀还能阻碍新技术新工艺的发展。这些因腐蚀造成的经济损失，要比腐蚀掉的金属本身价值高得多。由于腐蚀，直接和间接地造成了巨大的经济损失。

因此，对化工设备采用有效的防腐蚀措施，使之不受腐蚀或少受腐蚀，是保证设备的正常运转，延长使用寿命，增收节支的重要措施，对于促进化学工业的迅速发展具有十分重大的意义。

三、腐蚀的类型

（一）金属腐蚀的分类

1. 按腐蚀机理分类

（1）化学腐蚀　化学腐蚀是金属和非电解质直接发生化学作用而引起的腐蚀，在腐蚀过程中不产生电流。

（2）电化学腐蚀　电化学腐蚀是金属和周围介质发生电化学反应而引起的腐蚀，特点是腐蚀介质中有能导电的电解质溶液存在，腐蚀过程中有电流产生。如在大气、海水、土壤、酸、碱、盐溶液中的腐蚀。

（3）化学或电化学加力学因素的腐蚀　这是多因素引起的腐蚀，由于各因素的相互作用往往产生非常强烈的腐蚀，一般包括应力腐蚀、腐蚀疲劳、氢脆等。

2. 按腐蚀表面状态分类

（1）全面腐蚀 在腐蚀介质的作用下，腐蚀分布在金属的整个表面上。全面腐蚀可以是均匀的，也可以是不均匀的。

（2）局部腐蚀 腐蚀主要集中在金属表面某一区域，这种腐蚀的分布，深度和发展不均匀，常在整个设备较好的情况下，发生局部穿孔或破裂而引起严重事故。所以危险性很大。它又可分为晶间腐蚀、选择腐蚀、应力断裂腐蚀、点状腐蚀、焊缝腐蚀、腐蚀疲劳及沉积物腐蚀等。常见的金属腐蚀形式见图7-1。

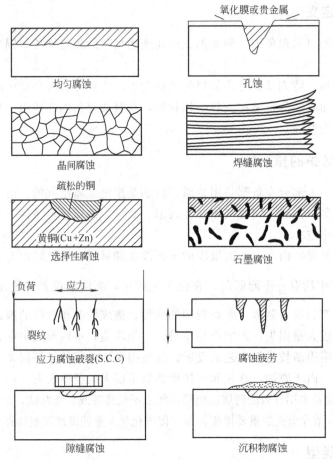

图 7-1 金属腐蚀形式

（二）非金属腐蚀的分类

非金属材料主要指塑料和橡胶等高分子材料，还有化工陶瓷及耐蚀玻璃等硅酸盐材料。对高分子材料，其腐蚀的主要类型是溶胀和溶解、化学裂解、开裂等。

对硅酸盐材料的腐蚀破坏形式主要是与酸和碱等介质作用，发生化学溶解。

第二节 常用材料的耐腐蚀特性

在化工设备的设计和制造中，选材是很重要的，这直接关系着设备的使用寿命，以及生产能否正常进行。因此了解各种材料的耐蚀性能，便于合理选用材料，正确维护设备。

一、金属材料的耐腐蚀性

（一）碳钢

碳钢也称铁碳合金，是当前大多数化工设备的主要制作材料。当碳钢与电解质溶液及其他腐蚀性介质接触时，便发生强烈的腐蚀，碳钢中的硫能加速腐蚀，是有害杂质。

碳钢在盐酸中不耐蚀，在硝酸、硫酸中的腐蚀速度起初随浓度提高而增大，当浓度达到50％以上反而耐蚀。弱酸强碱组成的盐对碳钢腐蚀性小，特别是一些具有氧化性的盐能使碳钢表面生成钝化膜而起到保护作用。

（二）不锈钢

一般说的不锈钢，是指不锈钢、耐酸钢和某些耐热钢的通称。耐酸不锈钢是指在某些化学介质（酸类及其他腐蚀性介质）中高度耐腐蚀的钢。这类钢有铬不锈钢和铬镍不锈钢两种。

在各种浓度的硝酸、浓硫酸、过氧化氢及其他氧化性介质中，铬钢都比较耐蚀。在盐酸氯化物溶液、稀硫酸及亚硫酸中，铬钢不能生成钝化膜，因而不耐腐蚀。磷酸只有在浓度极高及沸腾时才使铬钢破坏。对于碱，只有在浓度不高时铬钢才耐蚀。有机酸如草酸、乙酸等介质中，铬钢均不耐蚀。

含铬量25％或更高的不锈钢，既耐蚀又耐热，可用来制作耐浓硝酸的零件。

铬镍不锈钢又称奥氏体不锈钢，或称18-8型不锈钢，是目前应用最广泛的一种不锈钢。可耐浓度不高于95％、温度不高于70℃的硝酸，浓度不超过60％、温度不超过100℃的磷酸，室温下的有机酸及各种有机介质，盐及碱的溶液，室温下的干燥氯气、蒸汽、湿空气等的腐蚀。但不耐沸腾的浓碱及熔融碱的腐蚀，在硫酸、盐酸、氢氟酸中稳定性差。

（三）铝及其铝合金

铝及铝合金是石油、化工生产中常用的一种耐腐蚀材料。这是因为空气中的氧及氧化性介质能使铝钝化，在其表面上生成一层氧化膜，这层膜致密而坚固，所以它在许多介质中很稳定。一般来说，铝越纯越耐腐蚀。

铝在尿素和聚丙烯腈生产中，可耐低压和常压下尿素、丙烯腈和丙烯醛等介质的腐蚀。铝在硫酸盐溶液中耐蚀，在氨水中耐蚀。铝在许多有机介质中有优良的耐蚀性能，尤其不会使食物中毒，不玷污食品和改变它的颜色（铝离子无毒无色），在化工厂中应用较多的是防锈铝合金和铝硅合金及铸造铝合金。

纯铝和铝合金最高使用温度为150℃，很适于制作低温设备。

（四）铜及铜合金

铜及铜合金具有优越的低温力学性能，常用于制冷设备和某些化工设备。

纯铜又叫紫铜，在大气、水、海水、碱类溶液中有较好的耐蚀性能，但不耐硝酸、含氧及氧化剂的溶液和氨的腐蚀。

青铜和黄铜的基本耐蚀性能与纯铜差不多，常用来制作耐海水腐蚀的零件。

（五）镍及其合金

镍是一种用途广泛又较贵重的金属，大量用于国防和冶金工业，在化学工业中用得不多

（主要用于制碱工业）。

纯镍具有强度高，塑性、延伸性和可锻性好。镍有明显的钝化性能，可耐大气、水及海水腐蚀。对碱有突出的耐蚀性。

镍合金包括许多种耐蚀、耐热的合金。化工生产中常用的有镍铜合金（蒙乃尔合金）、镍钼铁合金（哈氏合金或海氏合金）等。镍铜合金（含镍70%，铜30%）具有良好的力学性能和加工性能，能抵抗高速流动的海水腐蚀；在石油、化工生产中被用来制造输送浓碱液的泵和阀门等。镍钼铁合金既耐蚀又耐高温。它在盐酸、硝酸、氢氟酸等介质的特别苛刻的条件下，比奥氏体不锈钢具有高得多的耐蚀性。由于其价格昂贵，在化工生产中只有在其他材料不能使用时才采用。

（六）铅及其合金

铅的强度低，硬度低，密度大，熔点及导热系数小，容易加工，便于焊接。在大气和土壤中，有很高的耐蚀性，在稀硫酸中极耐蚀，常用于硫酸生产中。化工生产中经常用衬铅、搪铅作为防腐蚀层或制作管道，但不能用于传热设备。

（七）钛及其合金

钛是轻金属，密度小，强度高，耐蚀性好。广泛用于宇航、石油、化工等多个行业。

钛十分容易与氧结合生成致密的惰性很强而结合牢固的氧化膜，此膜的稳定性远高于铅及不锈钢的氧化膜，其耐蚀性超过高铬镍不锈钢及镍钼合金等。

钛及其合金不宜在高温下使用，氧、氮和氢会渗入其内部，使钛及其合金材料变脆。

二、非金属材料的耐腐蚀性

非金属材料在石油、化工生产中已获得了日益广泛的应用。非金属材料具有良好的耐蚀性能，并可用作保温、绝缘材料等。

常用的非金属材料可分为无机材料（陶瓷、搪瓷、玻璃等）和有机材料（塑料、涂料、橡胶等）。

（一）化工陶瓷

化工陶瓷按组成及烧成温度的不同，可分为耐酸陶瓷、耐酸耐温陶瓷和工业瓷三种。耐酸耐温陶瓷的气孔率、吸水率都较大，故耐温度急变性较好，容许使用温度也较高，而其他两类的耐温度急变性和容许使用温度均较低。

化工陶瓷的耐腐蚀性能很好，除氢氟酸和含氟的其他介质以及热浓磷酸和碱液外，能耐几乎其他所有的化学介质。

化工陶瓷是化工生产中常用的耐蚀材料。许多设备都用它作耐酸衬里，也常用作耐酸地坪；陶瓷制的塔器、容器和管道常用于生产和储存、输送腐蚀性介质；陶瓷泵、阀等都是很好的耐蚀设备。

化工陶瓷是一种典型的脆性材料，其抗拉强度低，冲击韧性差，热稳定性低，所以在安装、维修、使用中都必须特别注意。应防止撞击、振动、应力集中、骤冷骤热等，还应避免大的温差范围。

（二）玻璃

玻璃具有优良的耐腐蚀性能，除氢氟酸、热磷酸、硅氟酸和强碱外，对其他酸、盐类、稀碱液及有机溶剂均耐蚀；玻璃表面光滑，流动阻力小，不易结垢黏附，便于清洗。

玻璃制品有玻璃管道及管件，玻璃泵，玻璃反应器，玻璃换热器，玻璃隔膜阀等，在制药和盐酸行业中得到广泛应用。

（三）塑料

塑料在化工生产中有着广泛的用途，最大的特点是耐蚀，主要用于设备的结构材料、管道和防腐衬里。由于各种塑料主体原料不同，所加各种添加剂各异，故其性能差异较大，下面介绍一些常用的耐蚀塑料。

（1）聚氯乙烯塑料　在大部分酸、碱、盐类溶液中耐蚀，根据增塑剂添加数量不同，可分为软、硬两种。硬聚氯乙烯具有一定的强度，成型加工性能好并可进行焊接，此外，还具有一定的电气绝缘、隔热、阻燃等性能，许多化工厂用它来代替不锈钢、铅、橡胶等材料，并用作塔器、储槽、泵、阀门、管道。软聚氯乙烯多用作耐蚀衬里层。

（2）聚乙烯塑料　是乙烯的高分子化合物，具有优良的耐寒性、化学稳定性好，室温下几乎不被任何有机溶剂溶解，对非氧化酸、稀硝酸、碱和盐类均有良好的耐蚀性。可用于制成管件、阀门、泵、塔盘等，也可作防腐涂层，其薄板可作设备防腐内衬。

（3）聚四氟乙烯　具有极高的化学稳定性，完全不与"王水"、氢氟酸、浓盐酸、硝酸、发烟硫酸、沸腾的氢氧化钠溶液、氯气、过氧化氢等作用，因其优越的耐蚀、耐候性能而被称为"塑料王"。主要用于制作衬里、轴瓦、小容器、热交换器及管道等。

（四）玻璃钢

玻璃钢以合成树脂为黏结剂，玻璃纤维及其制品（如玻璃带、玻璃布、玻璃丝）为增强材料，按一定的成型方法所得到的制品。其比强度超过一般的钢材，质轻、强度高、耐热耐腐蚀，在化工防腐蚀上得到广泛应用。在化工生产中应用较多的是环氧、酚醛、呋喃和聚酯等几种类型的玻璃钢。

玻璃钢的耐蚀及耐热性，随所用的树脂而异。如酚醛玻璃钢耐酸、耐溶剂性好；环氧玻璃耐水、耐碱性好，耐酸、耐溶剂性尚好，与金属黏结力强，机械强度高；呋喃玻璃钢耐酸、碱、溶剂性好，耐温较高；聚酯玻璃钢耐稀酸、油性好，施工方便，韧性好。

玻璃钢在化工防腐中常用来作设备衬里和整体玻璃钢设备，还用于增强非金属材料制造的设备和管道。

（五）橡胶

橡胶是常用的防腐材料，橡胶制作的各种橡胶制品，因其具有良好的耐腐蚀及防渗性能，所以被广泛应用于金属设备的防腐衬里或复合衬里中的防渗层。

橡胶分天然橡胶和合成橡胶两类。天然橡胶的化学稳定性好，可耐一般非氧化性强酸、有机酸、碱溶液和盐溶液腐蚀，但在强氧化性酸和芳香族化合物中不稳定；合成橡胶有十几个品种，其中氯丁橡胶、丁苯橡胶、氟橡胶、丁基橡胶等在化工防腐中较为常见。

（六）涂料

化工厂的设备、管道、厂房经常遭到工业大气或腐蚀性介质的腐蚀。采用涂料覆盖层保护是最经济和有效的方法。

涂料由液体部分、固体部分和辅助部分组成。液体部分有成膜物质和溶剂，成膜物质是油料或树脂在有机溶剂中的溶液，它将填料、颜料黏结在一起，形成能牢固附着在物体表面的漆膜；溶剂是一些挥发性的液体，它能稀释或溶解树脂或油料，使之便于施工。固体部分有填料和颜料，填料用以提高漆膜的机械强度、耐蚀性、耐热性、降低膨胀系数及收缩率，颜料使漆膜有一定遮盖力和色彩。辅助部分有固化剂和增塑剂。常用的涂料有生漆、过氯乙烯漆、酚醛清漆、环氧树脂漆及沥青漆等。

第三节　化工设备的防腐

化工设备防腐是延长设备的使用寿命，避免事故发生的重要保证。

一、影响金属腐蚀的因素

腐蚀发生后能正确诊断出腐蚀原因，就必须搞清楚全部内在影响因素与外部环境因素，通过检查、分析、测量数据，作出正确判定，从而可以提出合理的防腐蚀措施。对金属腐蚀产生影响的因素有下面几个方面。

1. 材料因素

不同的金属耐蚀性不同；其微量元素含量不同，耐蚀性不同；金属表面粗糙度对腐蚀影响较大；金属内部应力也会增加局部腐蚀；不适当的热处理会增加晶间腐蚀；电偶效应也会促使腐蚀加快。

2. 环境因素

（1）溶液 pH 值　对钝化金属而言，一般随 pH 值的增加更易钝化。

（2）温度　一般来说，腐蚀的反应速度随温度的上升而增加。

（3）流速　一般随流速的增大而腐蚀速度增大。

（4）溶解盐与阴、阳离子　溶于水中的盐类对金属腐蚀过程的影响比较复杂。某些盐类水解后，使溶液的 pH 值发生变化，进而对腐蚀过程产生影响；某些盐类的阴、阳离子对腐蚀有特殊作用，含有卤素的阳离子氧化剂如 $FeCl_3$、$CuCl_2$ 等，几乎能使大多数金属结构材料的腐蚀速度增加。

3. 设备结构对金属腐蚀的影响

结构设计、制造工艺以及安装上的错误或者考虑不周，都可能造成材料的表面特性和力学状态的改变。

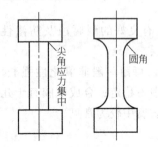

图 7-2　避免应力集中的设计

（1）力学因素　应力腐蚀破裂、腐蚀疲劳及磨损腐蚀等都是与力有关的，这些腐蚀分别在拉应力、交变应力、剪切应力作用下，材料与介质作用发生腐蚀破坏，因此任何减小或改变应力方向的措施都可以有效地防止上述腐蚀的发生。如图 7-2 所示为设计中应避免尖角产生应力集中。

（2）表面状态与几何因素　不适当的表面状态与几何结构会引起点蚀、缝隙腐蚀以及浓差电池腐蚀等，也会增加残余应力，发生应力腐蚀破裂等。如材料表面划痕或焊接时表面引弧将促进点蚀的发生；焊后产生的残余应力与相应的介质的互相作用下会出现应力腐蚀破裂。

（3）异金属组合因素　在系统或设备中，不同的金属同时处于电解质溶液中，活泼的金属会首先腐蚀。

（4）排污孔设计不合理　当化工生产设备停车时，如排污孔不能将液体及沉积物排净，则将滞留在设备内，则容易引起腐蚀。见图 7-3。

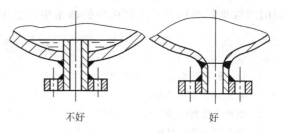

图 7-3　容器底部的设计

二、常用化工防腐蚀方法

1. 金属保护层

常见的金属保护层有电镀、化学镀、喷镀、热镀和衬里等。金属保护层是用耐蚀性强的金属或合金覆盖于耐蚀性能弱的合金或金属上。金属保护层除具有较好的耐蚀性外，主要能节约大量贵重金属和合金，而且不同的覆盖层具有不同的耐蚀性，能够满足不同的工艺要求，在石油、化工防腐工程中得到一定的应用。但施工较复杂、质量不易保证，使其应用受到一定的限制。

也可用"磷化"、"发蓝"、"钝化"等方法形成覆盖层保护膜。

2. 非金属保护层

在金属设备的表面覆上一层有机或无机的非金属材料进行保护是化工防腐的重要手段之一。根据腐蚀的环境不同，可以覆盖不同种类、不同厚度的耐蚀非金属材料，以得到良好的防护效果。

（1）涂料覆盖层　采用涂料覆盖层施工简便，适应性广，在一般情况下涂层的修理和重涂都比较容易，成本和施工费用也较低，因此在防腐工程中应用广泛，是一种不可缺少的防腐措施。涂层防腐不单用于设备的外表面，而且在设备内也得到了成功使用，如尿素造粒塔的内壁涂层防腐，油罐、氨水储罐内的涂层防腐等都收到了很好的使用效果。但涂层一般都比较薄，较难形成无孔的涂膜，且力学性能一般较差，因而在强腐蚀介质、冲刷、冲击、高温等场合，涂层易受破坏而脱落，故在苛刻的条件下应用受到一定的限制。目前主要用于设备、管道、建筑物的外壁和一些静止设备的内壁等方面的保护。

（2）玻璃钢衬里　玻璃钢衬里具有耐蚀、抗渗以及与基体表面有良好的黏结强度等方面的性能，目前多用手糊施工。

（3）橡胶衬里　橡胶衬里是将预先加工好的板材黏结在金属表面上，其接口可以通过搭边黏合，因此橡胶的整体性较强，致密性高，抗渗性强，即使衬层局部与基体表面离层，腐蚀介质也不易透过。橡胶衬里具有一定的弹性，而且韧性一般比较好，能抵抗机械冲击和一定的热冲击，可用于受冲击或磨蚀的环境中。

3. 电化学保护

根据金属电化学腐蚀理论，将处于电解质溶液中的某些金属的电位降低，可以使金属难于失去电子，从而大大降低金属的腐蚀速度，甚至可使腐蚀完全停止。也可以将金属的电位提高，使金属钝化，人为地使金属表面形成致密的氧化膜，降低金属的腐蚀速度。这种通过改变金属电解质溶液的电极电位从而控制金属腐蚀的方法称为电化学保护。

4. 缓蚀剂保护

在腐蚀环境中，通过添加少量能阻止或减缓金属腐蚀的物质使金属得到保护的方法，称为缓蚀剂保护。应用缓蚀剂保护具有投资少、收效快，使用方便等特点，广泛应用于石油、化工、钢铁、机械、动力、运输等部门。但缓蚀剂的应用有一定的局限性，缓蚀剂有极强的针对性，如对某种介质和金属具有较好效果的缓蚀剂，对另一种介质或金属就不一定有效。

同时缓蚀剂只能用在封闭和循环的体系中，且不适宜在高温下使用。

思 考 题

1. 化工设备防腐的意义是什么？
2. 腐蚀有哪几种类型？
3. 影响金属腐蚀的因素有哪些？
4. 什么是缓蚀剂保护？
5. 有哪几种非金属保护防腐措施，各有什么特点？

第八章 压力容器的安全使用与监察管理

石油、化工生产中使用的压力容器大多数是盛装易燃、易爆、有毒的介质，而且还常伴有化学反应，一旦发生事故不仅容器本身遭到破坏，往往还会由于内部介质外泄引起二次爆炸、燃烧或毒气弥散等一连串恶性事故。因此对压力容器最基本的要求就是安全可靠地运行，要做到这一点，涉及材料、设计、制造、安装、维修、使用及管理等诸多方面。

第一节 压力容器的安全附件

压力容器的安全附件是指安装在容器适当部位起安全保护和监控作用的构件。如安全阀、爆破片、压力表、液位计和测温计等。

一、超压泄放装置

压力容器在实际操作过程中，由于某些物理过程或化学反应过程等因素使容器内压力超过承受的压力，这种现象称为超压。如高压系统的介质经过减压阀进入低压的容器内，因减压阀失灵致使高压介质直接进入容器内导致超压；本身不产生压力的容器，由于出口被异物堵塞，或操作失误导致输入气量大于输出气量，使容器压力不断升高而超压；反应容器由于化学反应剧烈失控而导致容器超压；储存易于发生聚合反应气体的压力容器，若储存时间过长未加阻聚剂则自聚而引起管道堵塞造成超压；容器装料过量、加温过高或外遇火源、冷凝设备的冷却液中断等使容器内的安全空间减少或气体显著增加等引起超压。

为了确保压力容器安全运行，预防由于超压而发生事故，除了从根本上采取措施，杜绝和减少可能引起超压的各种因素，如严格遵守操作规程、及时检查自控系统等以外，还应在容器上装设安全泄放装置，如安全阀、爆破片等，其功能是：当容器在正常的工作压力下运行时，它能保持严密不漏，而一旦容器内压力超过规定值时，它能自动开启使容器内的介质部分或全部迅速泄出，并由于高速气流或爆破元件破裂发出较大响声而起到报警的效果。

压力容器应根据以下原则和规定设置超压泄放装置。

① 在生产过程中因物料的化学反应，可能引起压力增加的容器应单独设置超压泄放装置。

② 容器内介质压力是由于容器内、外部受热而显著增加且容器与其他设备连接处管道上装有阀门时，该容器应单独设置超压泄放装置。

③ 压力源经减压后进入容器，若该容器的设计压力低于压力源的压力，则应在该容器上或进口管上设置超压泄放装置。

④ 在连续操作系统中，有多个设计压力相同的容器，相互间由管道连接且中间无阀门隔断、流体阻力也不太大，可视为一个容器系统，只需在该系统中受压最危险的部位装设超压泄放装置。

二、安全阀

安全阀是通过阀瓣的开启泄放出流体介质的一种特殊阀门。安全阀的作用是使容器内高于规定的部分压力泄出，一旦压力达到或低于规定的压力，阀瓣便自行闭合，容器仍能正常工作，因此安全阀得到了广泛的应用。

（一）安全阀的结构类型

安全阀按其加载方式有重块式、杠杆式和弹簧式三种，其中重块式安全阀体积庞大、笨重、校验麻烦，现已很少使用。

1. 杠杆式安全阀

杠杆式安全阀如图 8-1 所示，它的加载机构由杠杆、重锤和阀杆组成，利用杠杆原理，在杠杆一端使用质量较小的重锤以获得较大的作用力，平衡内部流体作用在阀瓣上的力。可以通过移动重锤的位置或改变其质量来调整安全阀的开启压力，既方便又准确，而且施加在阀瓣上的载荷不因阀瓣的升高而增加，对温度较高的场合也适用。但由于其占有空间大、笨重，加载机构容易振动从而产生泄漏，回座压力较低不利于连续生产，随着弹簧式安全阀制造精度的提高而逐步被取代。杠杆式安全阀目前只用于蒸汽锅炉上，重锤的质量不超过 60kg。

2. 弹簧式安全阀

弹簧式安全阀的加载机构是一根弹簧压紧在阀瓣上，利用弹簧的弹力来平衡内部流体作用在阀瓣上的力。通过调整阀杆上的压紧螺母改变弹簧的压缩量达到调整安全阀开启压力作用。弹簧式安全阀有微启式与全启式、封闭式与非封闭式、带扳手与不带扳手等不同类型。如图 8-2 为微启式带扳手的弹簧式安全阀。

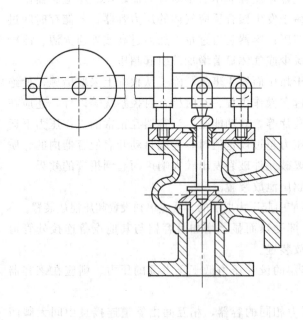

图 8-1　杠杆式安全阀

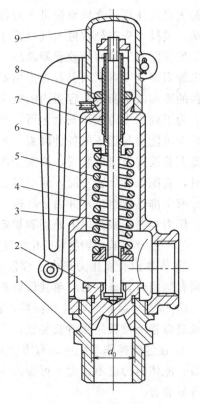

图 8-2　弹簧式安全阀

1—阀体；2—阀瓣；3—阀杆；4—阀盖；
5—弹簧；6—提升手柄；7—调整螺杆；
8—锁紧螺母；9—罩帽

（1）微启式与全启式 微启式安全阀开启时阀瓣与阀座间的环隙面积小于阀孔通道的截面积，其制造、维修和试验调整都比较方便，但有效排气面积小且会出现突然关闭而又重新开启等频跳现象，故只适用于排气量不大、要求不高的场合；全启式安全阀开启时阀瓣与阀座间的环隙面积大于阀孔通道截面积，有效排气量大，因而与同样工作压力和泄放能力的微启式安全阀相比，阀径小得多，故体积较小，而且由于气体流动量大，关闭较为缓和。

（2）封闭式与非封闭式 当介质全部通过阀的泄放口排出时，称为全封闭式；介质大部分通过阀的泄放口排出，小部分由阀盖和阀杆的间隙漏出时，称为半封闭式；阀体无泄放管接口，介质直接排放在周围大气中，称为敞开式。全封闭式用于有毒、易燃、易爆的介质，半封闭式多用于不会污染环境的介质，敞开式常用于空气压缩机等。

（3）带扳手与不带扳手 考虑因意外原因容器内压力已达到开启压力但安全阀不能自动开启，或虽未达到开启压力但需要泄压时使用方便，在安全阀上设置了可以手动操纵的启闭装置的，称为带扳手，否则为不带扳手。

（二）安全阀的选用与安装

1. 安全阀的选用

安全阀可按加载方式来选，工作压力不高、温度较高的容器大多选用杠杆式，高压容器一般多选用弹簧式；按气体排放形式选，如容器内介质有毒、易燃、易爆的气体或为制冷剂和其他会污染大气的气体，应选用封闭式，空气或气体无害可采用半封闭式或敞开式；按开启程度来选，高压容器及安全泄放量大而强度裕度不多的中、低压容器都可以采用全启式安全阀，以减少容器的开孔面积。当介质为空气、水蒸气及要求安全阀作定期开启检验时，应选用带扳手的，而对于有毒、易燃、易爆介质除非有特殊要求，一律选用不带扳手的，若需要带扳手时则应选用封闭式带扳手的安全阀。

2. 安全阀的安装

安全阀应与容器本体直接连接并装在容器最高处，对液化气槽上的安全阀应装在气相空间，用于液体的安全阀应装在正常液面以下，而且安全阀进口管的公称直径不得小于15mm。因特殊原因难以装在容器本体的，可考虑装在出口管上，但安全阀装设处与容器之间的管路上应避免突然拐弯、截面局部收缩等结构，以防增加管路阻力或引起污物积聚发生堵塞等。无论安全阀装在何处，在从容器到安全阀之间的连接管和管件通孔其截面积不得小于安全阀的进口面积。

在安全阀与容器之间一般禁止装设中间截止阀，但对于盛装有毒、易燃或黏性较大的介质的容器，为便于对安全阀进行更换、清洗，可以在安全阀与容器之间装截止阀，但此截止阀的结垢和通径尺寸不得阻碍安全阀的正常泄放，当容器正常使用时，该截止阀必须处于全开状态并加铅封。

新安全阀在安装之前应在试验台上调定其开启压力和回座压力，并检查关闭件的密封性。

3. 安全阀的使用与管理

选择得当、安装正确的安全阀还应通过合理的使用和管理才能发挥其作用。安全阀常见故障、产生原因及排除方法见表 8-1。

表 8-1 安全阀常见故障、产生原因及排除方法

故 障	产 生 原 因	排除故障方法
安全阀长期漏气	①阀瓣和阀座密封面有水垢、污垢或沙子	①吹洗安全阀,当当场用扳手轻轻转动研磨,使其吻合或拆开取出外来物
	②阀瓣与阀座已磨损	②更换阀瓣和阀座,或车光后研磨
	③弹簧收得不够紧或弹力减弱	③收紧弹簧
	④弹簧已疲劳失效	④更新弹簧
	⑤阀瓣在阀座上的支承面歪斜	⑤重新调整水平
	⑥排气管重量产生的外力不合理地加在阀体上	⑥将排气管装置正确
安全阀超过开启压力不泄放	①弹簧收得过紧	①将弹簧放松一点
	②阀瓣与阀座被粘住或生锈	②用扳手轻轻转动阀瓣研磨,使其密合或作调换
	③安全阀装得不正确,阀芯被卡住	③拆下安全阀,正确装上
	④阀杆与外壳间隙过小,受热后卡住	④放大阀杆与外壳间的间隙
	⑤有阻挡物或介质显著挡住气体通道	⑤去除阻挡物
	⑥调节圈调整失当	⑥重新调整调节圈
	⑦盲板未去除、气体通道不通	⑦拆除盲板
阀门振动,即阀瓣频繁开闭	①弹簧刚度过大	①改用刚度较小的弹簧
	②进气口管道口径过小	②应使进口管内径不小于阀门进口通径
	③排气管道口径太小或弯头过多阻力过大,造成排气时过大的背压	③应加大排放管道口径或减少弯头
	④调节圈调整不当	④重新调整调节圈
	⑤安全阀排放能力过大	⑤应选用安全阀排放能力尽可能接近于设备需要排放量

安全阀应定期进行检验,包括开启压力、回座压力、密封程度等,其要求与安全阀的调试相同。当检验不合格时应解体,详细检查各零部件是否有裂纹、伤痕、磨损、腐蚀、变形等,并进行修复或更换组装再进行检查。安全阀定期检验周期可与容器检验周期相同。

三、爆破片装置

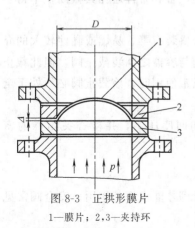

图 8-3 正拱形膜片
1—膜片;2,3—夹持环

（一）爆破片装置的结构

爆破片装置主要是由一块很薄的爆破膜片和夹持器组成。爆破膜片是爆破元件,起控制爆破压力的作用,夹持器的作用是以一定的方式将爆破膜片固定,然后装在容器的接口管法兰上,也可以不设夹持器,直接利用接管法兰夹紧膜片。如图 8-3 所示。

（二）爆破片装置的选用

爆破片与安全阀相比,其使用范围要宽得多,温度在 $-253\sim480℃$,压力在 $7kPa\sim800MPa$,且由于使用耐蚀

材料，故对一般酸、碱、盐类介质都能适用。选用时应考虑介质性质、工艺条件及载荷特性等因素。

（三）爆破片装置的安装、使用注意事项

① 由库房取出爆破膜片后，应仔细核对铭牌上的各项指标：膜片型号、泄放口径、材质、爆破时膜片的温度及相对应的爆破压力、泄放量等，应与被保护的容器要求一致。

② 安装前应将膜片和夹持器的密封面擦拭干净，无固体微粒杂质时才可放入膜片，同时注意不要擦伤膜片和夹持器的密封面。

③ 夹紧膜片的法兰螺栓必须均匀对称上紧。

④ 爆破片装置与容器的连接管线应为直线，其通道面积不得小于膜片的泄放面积；泄放管线尽可能垂直安装，且避开邻近的设备和为操作人员能接近的空间。若流体为易燃、易爆或剧毒介质时，则应引至安全地点并作妥善处理。

⑤ 爆破片装置的排放管的内径应不小于膜片的泄放口径，若膜片破裂有碎片产生时，应装设拦网或采取其他不使碎片堵塞管道的措施。

⑥ 在爆破片装置与容器之间一般不允许装任何阀门，若由于特殊原因装了截止阀或其他切断阀闸时，应采取具体措施确保在运行中该阀处于全开状态。

四、压力表与液位计

（一）压力表

压力表是用来测量压力的仪表。在压力容器上装设压力表后，可直接测出容器内介质的压力值，以便一旦发生异常情况可及时发现和作出处理。

1. 压力表的选用

压力表的最大量程应与容器的工作压力相适应。一般为容器最高工作压力的 1.5～3.0 倍，一般取 2 倍。量程过大读数准确性差，但若量程过小使弹性元件长期处于较大的变形状态下，易产生永久变形，引起误差增大和使用寿命降低。特别要注意的是压力表量程过小，若容器超压时压力表的指针表转一圈后接近零位，易被误认为无压力，造成事故。

为使操作人员能准确看清压力表，表盘直径不能小于 100mm，压力表在使用中如发现指示失灵、刻度不清、表盘玻璃破裂、铅封损坏及泄压后指示针不回零等情况时，应立即更换。

2. 压力表的安装与维护

① 压力表的校验和维护应符合国家计量部门的有关规定。在安装前应校验，在刻度盘上应画出指示最高工作压力的红线（切记不可将红线划在玻璃上，以免玻璃转动产生错觉），注明下次校验的日期，经校验的压力表应有铅封和合格证。

② 压力表的安装位置应便于操作人员观察，刻度盘面与操作人员视线应垂直或前斜 30°，并有足够的光线，应避免使压力表受到辐射热、低温及振动的影响。

③ 压力表的接管应直接与容器本体连接，当工作介质为水蒸气时，在容器与压力表之间应设一段弯管，使蒸汽在这段管内冷凝，以免温度引起表内弹性元件变形，影响表的精度。

④ 为装拆方便，在压力表与容器之间应装设三通旋塞（旋塞应装在直管上），并使旋塞手柄与管线同向时为开启状态，以免引起误操作。对盛装高温强腐蚀性介质的容器，应在压

力表和容器之间管路上装设填有液体的隔离缓冲装置。

（二）液面计

液面计是用来观察设备内液位变化的一种装置。通过测量液位，一方面确定容器中物料的数量，以保证生产过程中各环节必须定量的物料；另一方面反映连续生产过程是否正常，以便可靠地控制过程的进行。

设备高度在 3m 以下，介质流动性较好，不结晶，不会有堵塞通道的固体颗粒物料，一般可采用玻璃管或玻璃板液面计。玻璃管液面计适用于 1.6MPa 以下的场合，玻璃板液面计适用 1.6MPa 以上或要求使用安全性较高的场合；透光式玻璃板液面计适用于无色透明的液体；而反射式玻璃板液面计则适用于略带色泽的、干净的介质，但若介质会腐蚀玻璃板则不宜采用。高度在 3m 以上、物料易堵塞、液面测量要求不很严格的常压设备，应采用浮标液面计。盛装 0℃ 以下介质的压力容器上应选用防霜液面计。用于易燃、剧毒、高危害介质的液化气体压力容器上的液位计，用板式或自动液面指示计，并应有防止泄漏的保护装置。

玻璃管液面计的长度一般不超过 1400mm，如容器中液面高度超过 1400mm，可以沿容器高度应用多个液面计，相互交错安装，以便液面随时可以从某个玻璃管中观察到。

第二节　压力容器的安全使用

压力容器使用单位应根据设计和制造中所确定的使用条件，制定合理的工艺操作规程，控制操作参数，使容器在操作规程的规范下运行。

压力容器的压力、温度在使用过程中应稳定，由于压力、温度经常急剧变化，会导致疲劳破坏和突发事故。因此加载和卸载、升温和降温都应缓慢进行，并在运行期间保持压力和温度的相对稳定，严格禁止超压运行。压力容器的专职操作人员在容器运行期间应经常进行检查，观察操作压力、温度、液位是否在操作规程规定的范围内，容器各连接部位有无泄漏现象，容器有无明显变形，基础和支座是否松动，安全泄放装置及与安全相关的计量器具是否保持完好。以便及时发现操作中或设备上出现的不正常现象以保证压力容器的安全运行。

除此以外，还应按国家有关部门的规定对压力容器进行普查登记，建立技术档案，定期进行检查、检验，以保证容器的安全使用。

一、压力容器的普查登记

（一）使用登记

无论是新制造的容器还是在役容器，只要符合压力容器的条件，都是受《压力容器安全技术监察规程》管理的容器，使用单位应向当地压力容器安全监察机构申请办理使用登记手续。经审查合格后，予以注册编号，发给使用证和注册铭牌，才能投入运行。所发注册铭牌要固定在容器上。

压力容器登记中遇以下缺陷和问题尚未消除解决的不予登记：受压元件有不允许的平板角焊结构，受压元件材质遇介质不相适应，受压元件厚度小于强度计算的最小值，操作温度超过设计温度，安全泄放装置不全或失效，受压元件上有裂缝，第三类压力容器缺少产品合格证和质量证明书及盛装易燃、有毒介质的容器密封、连接处有渗漏现象等。

压力容器进行改造、移装、过户、报废，需向原登记机关办理变更、过户和注销手续。

压力容器技术档案是正确使用压力容器的主要依据，通过它可以使压力容器的管理部门和操作人员全面掌握容器的技术状况，了解和掌握运行规律。完整的技术档案，可以帮助人们防止盲目使用压力容器，从而有效地控制压力容器事故。所以每台压力容器都应建立技术档案，技术档案中应有设计、制造、安装、使用、检修等情况的记录资料。

（二）容器普查

对压力容器进行普查是开展安全管理的基础工作，是清查容器技术状况的基本手段，是加强安全管理的起点。

压力容器较集中的单位都应成立由厂级技术、设备负责人，使用容器的车间设备主任及检修车间管理人员、技术人员组成的普查小组，对压力容器普查工作作出计划，逐台进行检查和必要的测试工作；也可结合设备检修测得数据并进行检查，建立健全技术资料。

压力容器普查的内容包括：容器本身结构是否符合安全要求，有无不合理的结构问题，容器的材质、强度是否符合工艺参数的要求，工作流程、工艺条件中是否有超压、超温和超负荷情况；容器的制造质量、特别是焊接质量是否符合安全要求，容器是否存在裂纹、腐蚀、泄漏及变形等缺陷，容器的安全附件是否齐全、灵敏、可靠；技术资料，如图纸、强度计算、安全泄放装置的计算，制造厂的质量证明书及检修和运行记录是否齐全，容器的管理制度、操作规程、定期检修等制度是否健全，执行情况如何，容器发生过哪些重大事故，原因是否查清，有无防范措施等。

二、压力容器的定期检验

压力容器定期检验是在容器的使用过程中每隔一定的期限，采用各种适当而有效的方法，对容器的各个承压部件和安全附件进行检查和必要的试验，以便及早发现问题，并予以妥善处理防止在运行中发生事故。

压力容器定期检验，可以由使用单位或其主管部门进行，也可以由当地压力容器安全监察机构或检验所进行。

定期检验的内容见第一章。

第三节　压力容器的监察管理

为了确保压力容器的安全使用，我国国家质量监督检验检疫总局设置了特种设备安全监察局，各省、自治区、直辖市的质量技术监督部门也都设置了相应的监察管理机构。对压力容器的设计、制造、安装、使用、检验、修理、改造实行统一管理。

一、实施监察管理的依据

对压力容器实施监察管理所依据的法规和规定主要有：

①《特种设备安全监察条例》；

②《压力容器安全技术监察规程》；

③《锅炉压力容器产品安全性能监督检验规则》；

④《压力容器使用登记管理规则》；

⑤《在用压力容器检验规程》；

⑥《钢制压力容器》（GB 150—2011）；

⑦《特种设备使用登记管理规则》。

二、压力容器安全状况等级

为了掌握每一台投入使用的压力容器的安全状况，在新容器使用前及在用容器定期内外检验后，都要核定其安全状况等级。压力容器的安全状况共分为五个等级，见表8-2。

表8-2 压力容器安全状况等级的划分

安全状况等级	出厂技术资料是否齐全	设计与制造质量是否符合有关法规和标准的要求	缺陷的具体情况	能否在法规规定的检验周期内在原设计或规定的条件下安全使用
1	齐全	符合	无超标缺陷	能够
2	齐全（对新容器）基本齐全（对在用容器）	基本符合	存在某些不危及安全可不修复的一般性缺陷	能够
3	不够齐全	主体材质、结构、强度基本符合	存在不符标准要求的缺陷，但该缺陷没有在使用中发展扩大 焊缝中存在超标的体积性缺陷，检验确定不需修复 存在腐蚀磨损，变形等缺陷但仍能安全使用	能够
4	不全		存在不符法规和标准的缺陷，但该缺陷没有在使用中发展扩大 焊缝中存在线性缺陷 存在腐蚀、损伤、变形等缺陷已不能在原条件下安全使用	必须修复有缺陷处，提高安全状况等级，否则只能在限定条件下监控使用
5			缺陷严重，难于修复 无修复价值 修复后仍难以保证安全使用	不能使用，予以判废

注：1. 出厂技术资料包括：竣工图；产品质量证明书（包括各项检验报告及产品合格证）；质量技术监督部门检验，单位签发的产品制造安全质量监督检验证书。

2. 表中所列缺陷是指压力容器的最终存在状态，如缺陷经修复已消除，则以消除后的状态定级。

3. 表中所列问题与缺陷，只要具备其中之一，即应按该等级确定压力容器的安全状况等级。

三、事故调查处理规定

（一）现场紧急处理

1. 切断电源与妥善处理物料

在事故现场首先应切断电源，防止引起二次爆炸等灾难性后果，一般只允许安全照明用电，当人员撤离后，照明用电也应切断。对发生事故的容器及管道应将物料及时排空，对易燃、易爆、有毒介质一定要妥善处理，切不可随意排放到下水道或阴沟中，防止对人员的毒害、遇明火引起二次爆炸及对周围水源和环境的污染等。

2. 现场保护与记录

必须严格保护现场，并作详细记录，对收集到的爆炸碎片及容器原物均应作如下记录和处理：首先，对事故后现场的破坏情况，包括设备、厂房、人员伤亡、容器破坏后的外形及断口宏观形貌，自动仪表在事故发生时所记录到的情况等都应用摄像或摄影如实记录；其次，对破坏断口应用无水酒精、丙酮、苯等清洗干净，清洗断口时禁用钢丝刷，也不要用棉纱等纤维物质擦拭，防止断口微观外貌被破坏，断口清洗后再进行摄影或摄像记录。

3. 收集并保护容器的各种操作记录

（二）事故调查

在现场紧急处理后，应尽快展开调查，以收集事故原因分析的第一手资料。

1. 容器破坏情况的检查和测量

容器破坏的形式是鼓胀、泄漏、还是裂口，是否产生了碎片。测量鼓胀最严重部位的周长变化和范围；查找泄漏的位置，测量泄漏的尺寸；记录裂口的位置、方向、长度及最大的张开度，裂口处厚度减薄的情况；清点碎片的数量、重量、抛出距离，尽量估出抛出的角度等。

2. 安全泄放装置情况调查

检查安全阀是否有泄放过的迹象，爆破片是否破裂，泄放通道是否堵塞、严重锈蚀或零件脱落等，必要时对安全阀进行泄放试验，对爆破片进行爆破试验，以查明是否与超压有关；检查压力表是否失灵，能否回零。

3. 破坏情况及人员情况调查

建筑物及周围设备破坏情况、波及范围、受害的最远距离，爆炸响声最远传播距离；被破坏设备及建筑物的结构形式、材料、壁厚及破坏程度。操作人员技术水平、工作经历、劳动纪律、本岗位操作熟练程度及处理紧急事故的能力等，伤亡人员的身份、所在位置、伤势等。

4. 事故前容器运行情况及事故发生经过

容器在事故前的实际操作压力、温度、物料流量、装填量及液位，各物料的成分及性质，如燃烧、爆炸及爆炸极限等。

5. 容器制造及使用历史的调查

制造方面包括制造厂、出厂时间、产品合格证书，必要时追踪到原材料的情况。焊接材料及焊接试验资料、焊接工艺、无损检测资料，热处理记录及压力试验等记录资料。

容器使用历史包括历年来处理过的物料、操作温度、压力及其他改变情况，使用年数及实际运行的累计时间；历次检查及最近一次检验、检修的时间和内容，曾经发生过的问题及处理措施等。

（三）事故处理规定

为了认真进行压力容器事故的分析和处理，国家对压力容器事故的种类、上报、处理和追究责任等都有相应的规定。

1. 事故的种类

按照所造成的人员伤亡和破坏程度，分为特别重大事故、特大事故、重大事故、严重事故和一般事故。例如：特大事故，是指造成死亡 10～29 人，或者受伤 50～99 人，或者直接经济损失 500 万元（含 500 万元）以上 1000 万元以下的设备事故。重大事故，是指造成死亡 3～9 人，或者受伤 20～49 人，或者直接经济损失 100 万元（含 100 万元）以上 500 万元以下的设备事故。一般事故，是指无人员伤亡，设备损坏不能正常运行，且直接经济损失50万元以下的设备事故。

2. 事故的上报

压力容器发生爆炸事故后，事故发生单位应立即将事故概况报告企业主管部门和当地压力容器安全监察机构，以便组织事故调查和逐级上报至主管部门。

3. 事故的处理

因设计、制造、安装、修理、改造的原因，发生压力容器事故而造成严重损失的，除按《锅炉压力容器压力管道特种设备事故处理规定》逐级上报外，还应报告当地人民检察院，事故主要责任单位应向使用单位赔偿经济损失；事故发生单位及主管部门和当地人民政府应当按照国家有关规定对事故责任人员作出行政处分或者行政处罚的决定；构成犯罪的，由司法机关依法追究刑事责任。

四、事故技术分析

（一）压力容器破坏形式

压力容器破坏时按其宏观变形量的大小、引起破坏的主要原因通常划分为如下破坏形式。

1. 韧性破坏

发生破坏的容器，其材料本身的韧性一般是非常好的，而破坏的原因是由于超压或均匀腐蚀使容器壁厚减薄引起的。

2. 脆性破坏

脆性破坏是指容器在没有发生或未充分发生塑性变形时就破裂或爆炸的破坏。通常有两种情况：一是由于材料的脆性转变而引起容器的脆性断裂；二是由于焊接接头存在严重缺陷导致脆性断裂。

3. 疲劳破坏

疲劳破坏是容器在交变载荷作用下，在其应力集中部位所发生的一种破坏。如经常性的加压卸压、开工停工；反复加热及冷却等。压力容器的疲劳破坏最易发生在接管根部、开孔边缘或其他局部结构不连续的部位。

4. 腐蚀破坏

腐蚀破坏是容器在腐蚀介质作用下发生的一种破坏形式，常见的有均匀腐蚀、点腐蚀、晶间腐蚀、腐蚀疲劳及应力腐蚀等。参阅第七章。

5. 蠕变破坏

在高温（材料蠕变温度以上）下工作的压力容器，若金属发生蠕变，在应力作用下严重时导致蠕变破坏。

（二）技术检验和鉴定

压力容器发生事故的原因往往是综合性的，仅靠一般的调查分析是难以确定的，需要进一步进行技术检验、计算和鉴定工作，才能确切地查明事故的原因。

在并非明显超压而导致容器韧性破坏的情况下，常会怀疑是否因材料误用或焊接及热处理不当而造成事故，此时可对容器所用材料进行取样检验。包括化学成分、力学性能和金相组织的复验等。

对断口进行宏观分析（用肉眼或 5～20 倍放大镜）和微观分析（电子显微镜）是研究破坏现象的重要手段。

（三）事故原因分析

通过对事故容器材料及断口的检验与鉴定，结合事故调查，进行综合分析确定其发生事故的原因。事故原因一般分为设计制造方面、运行管理方面、安全附件方面及安装检修方面四类。

事故鉴定应明确指出属于哪一类。

<h2 style="text-align:center">思 考 题</h2>

1. 压力容器的安全附件有哪些？各起什么作用？
2. 有哪些影响因素可以引起压力容器超压？
3. 安全阀与爆破片的工作原理和用途各有什么不同？
4. 安全泄放装置的作用是什么？
5. 压力容器不能进行使用登记的有哪些？
6. 压力容器进行普查的内容有哪些？
7. 压力容器定期检查内容是什么？
8. 事故调查包括哪些方面内容？
9. 压力容器有哪些破坏形式？

参 考 文 献

[1] 匡照忠主编. 化工机器与设备. 北京：化学工业出版社，2006.

[2] 匡照忠主编. 化工设备. 第2版. 北京：化学工业出版社，2010.

[3] 任晓善主编. 化工机械维修手册. 北京：化学工业出版社，2004.

[4] 余国琮主编. 化工机械工程手册. 北京：化学工业出版社，2003.

[5] 马秉骞主编. 化工设备. 北京：化学工业出版社，2009.

[6] 张麦秋主编. 化工机械安装与修理. 第3版. 北京：化学工业出版社，2014.

[7] 路秀林，王者相等编. 化工设备设计全书. 北京：化学工业出版社，2004.

[8] 张志宇主编. 化工腐蚀与防护. 第2版. 北京：化学工业出版社，2013.